# Photoshop + Firefly

# AI 修图与绘画案例实战

楚 天 编著

清华大学出版社

北　京

## 内 容 简 介

本书介绍了 Photoshop ＋ Firefly 软件工具的各种实用功能和操作方法,帮助读者成为 AI 修图与绘画高手。书中包含 14 大专题,具体内容为:一是技能线,对 AI 绘画、AI 修图、AI 调色、抠图和润色、AI 创成式填充与合成、Neural Filters( 神经网络 ) 滤镜、蒙版、通道、路径、图层、创意填充、文字特效及创意着色等内容进行详细解析,让读者能够快速上手;二是案例线,选取了风景图像处理、人像写真处理、动物照片处理、城市夜景处理、汽车广告处理、婚纱广告设计、人像街景设计、创意风光处理、植物花卉处理、风光照片后期修图及制作房产广告等案例进行讲解,帮助读者快速掌握 AI 修图与绘画的实用技巧。

本书适合对 Photoshop、Firefly 软件感兴趣的读者阅读学习。

### 图书在版编目 (CIP) 数据

Photoshop+Firefly AI 修图与绘画案例实战 / 楚天编著. —北京:清华大学出版社,2024.1

ISBN 978-7-302-65240-3

Ⅰ. ① P… Ⅱ. ①楚… Ⅲ. ①图像处理软件 Ⅳ. ① TP391.413

中国国家版本馆 CIP 数据核字 (2024) 第 035901 号

责任编辑:李 磊
封面设计:杨 曦
版式设计:孔祥峰
责任校对:成凤进
责任印制:沈 露

出版发行:清华大学出版社

网　　　址:https://www.tup.com.cn,https://www.wqxuetang.com
地　　　址:北京清华大学学研大厦A座　　　邮　　编:100084
社　总　机:010-83470000　　　邮　　购:010-62786544
投稿与读者服务:010-62776969,c-service@tup.tsinghua.edu.cn
质　量　反　馈:010-62772015,zhiliang@tup.tsinghua.edu.cn

印 装 者:三河市铭诚印务有限公司
经　　销:全国新华书店
开　　本:185mm×260mm　　印　张:14　　字　数:373千字
版　　次:2024年3月第1版　　印　次:2024年3月第1次印刷
定　　价:99.00元

产品编号:103770-01

# 前言

在数字化时代的浪潮中，人工智能技术以其惊人的创造力和创新性席卷全球。党的二十大报告将"实施科教兴国战略，强化现代化建设人才支撑"作为战略举措进行系统阐述，彰显我国不断发展新动能、新优势的决心和气魄。

AI 绘画作为人工智能技术的一个重要应用领域，为我们带来了全新的艺术体验和创作方式，拓展了艺术的边界。AI 绘画技术能够生成各种风格和类型的艺术作品，从传统绘画到抽象艺术，甚至是全新的创意风格，这推动了艺术的创新，艺术家和设计师通过与 AI 合作或借助 AI 工具可创造出新颖的作品。另外，AI 绘画技术将艺术和科技融合在一起，推动了不同领域之间的跨界合作和创新，如在虚拟现实、增强现实等领域的应用。

## 本书内容

本书以 Photoshop 和 Firefly 软件为主要工具，介绍 AI 修图与绘画的方法。书中通过技能线与案例线，帮助读者快速了解 AI 修图与绘画的魅力。

技能线：通过 147 个实操案例，对 Photoshop 和 Firefly 工具的各种实用功能和具体应用方法进行详细介绍，帮助读者深入学习 AI 修图与绘画的前沿技术和应用技巧。

案例线：通过 30 个中型案例＋ 4 章大型案例，对 Photoshop 和 Firefly 软件在实战中的应用进行讲解，通过大量的案例剖析和操作演练，帮助读者轻松打造出更具创意性和商业价值的 AI 作品。

## 本书特色

本书为读者提供了全方位的学习体验，帮助读者更好地理解 AI 修图与绘画的应用场景和技术原理。本书具有如下特色。

(1) 丰富的实战案例：30 个中型案例、4 章大型案例，对 Photoshop 和 Firefly 软件的各项功能进行非常细致的讲解，读者可以边学边用。

(2) 完备的功能查询：工具、按钮、菜单、选区、抠图、调色、修复、润色、蒙版、通道、路径、创成式填充等功能的使用方法应有尽有，内容详细。

(3) 细致的操作讲解：70 多个专家提醒模块，650 张图片全程图解，让读者轻松掌握软件的核心功能与 AI 修图绘画的操作技巧。

(4) 超值的资源赠送：180 分钟实例操作视频，130 个案例素材和效果文件，15 000 多个 AI 绘画关键词，以及多种附赠资源，帮助读者快速掌握绘图技巧。

本书内容高度凝练，由浅入深，以实战为核心，无论是初学者还是已具有使用经验的人员，本书都能够给予一定的帮助。

为方便读者学习，本书提供关键词、素材文件、案例效果、教学视频、PPT 教学课件、教案和教学大纲等资源，读者可扫描下方的配套资源二维码获取；也可直接扫描书中二维码，观看教学视频。此外，本书赠送 AI 摄影与绘画关键词，读者可扫描下方的赠送资源二维码获取。

配套资源

赠送资源

## 特别提示

(1) 版本更新：本书在编写时，是基于当时各种 AI 工具和软件的界面截取的实际操作图片，但图书从编辑到出版需要一段时间，这些工具的功能和界面可能会有所变动，读者在阅读时，可根据书中的思路，举一反三，进行学习。书中使用的软件版本：Photoshop 为 Beta(25.0) 版，Firefly 为 Beta 版。

(2) 关键词的使用：Photoshop 和 Firefly 软件均支持中文和英文关键词，对于英文单词的格式没有太多要求，如首字母大小写不用统一、单词顺序不必深究等。但需要注意的是，关键词之间最好添加空格或逗号。再提醒一点，即使是相同的关键词，AI 工具每次生成的图像内容也会有差别。

上述注意事项在书中也多次提到，这里为了让读者能够更好地阅读本书和学习相关的 AI 修图绘画知识，而做了一个总结说明，以免读者产生疑问。

本书由楚天编著，参与编写的人员还有胡杨、苏高等。感谢封面图片模特浮云。

由于作者水平有限，书中难免有疏漏之处，恳请广大读者批评、指正。

编 者

2023.10

# contents 目录

PS 修图入门篇

# 第 1 章
## 新手上路: 掌握 PS 常用操作

    Photoshop 是一款功能强大的图像处理软件, 修图与绘画是它的主要功能, 对于设计师来说它是必不可少的工具。本章以风景图像、人像写真及动物照片 3 个实例, 讲解 Photoshop 的一些常用基本操作, 为后面的修图与绘画奠定良好的基础。

# 1.1　案例实战：风景图像处理

【效果对比】当我们看到美好的风景时，会想用相机记录下来，有时拍摄的照片需要进行调整。本实例主要介绍处理风景图像的方法，主要包括打开图像、调整图像尺寸、水平翻转图像，以及保存图像等内容。原图与效果对比，如图 1-1 所示。

图 1-1　原图与效果对比

## 1.1.1　打开风景图像素材

扫码看视频

在 Photoshop 中，可以打开多种格式的文件，也可以同时打开多个文件，并对图像文件进行编辑和修改。下面介绍打开风景图像文件的操作方法。

**01** 单击"文件"|"打开"命令，在弹出的"打开"对话框中，选择需要打开的图像文件，如图 1-2 所示。

**02** 单击"打开"按钮，即可打开选择的图像文件，如图 1-3 所示。

图 1-2　选择需要打开的图像文件

图 1-3　打开图像文件

# 1.1.2 调整图像画面尺寸

用户在处理风景图像的过程中，可以根据需要调整图像的尺寸，调整时一定要注意图像宽度值、高度值与分辨率值之间的关系，否则改变大小后图像的效果质量会受到影响。下面介绍运用"图像大小"命令调整图像画面尺寸的操作方法。

扫码看视频

**01** 在菜单栏中，单击"图像"|"图像大小"命令，如图 1-4 所示。

**02** 执行操作后，弹出"图像大小"对话框，如图 1-5 所示。

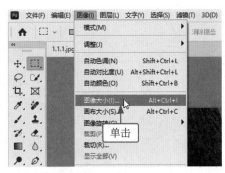

图 1-4　单击"图像大小"命令

图 1-5　"图像大小"对话框

**03** 在"图像大小"对话框中，设置"高度"为 1080 像素，同时"宽度"参数也会等比例变化，缩小图像的尺寸，如图 1-6 所示。

**04** 单击"确定"按钮，即可调整图像的尺寸，如图 1-7 所示。缩小图像的尺寸，可便于在网络中上传或分享图像。

图 1-6　设置"高度"为 1080 像素

图 1-7　调整图像尺寸

---

**专家提醒**

在 Photoshop 中，图像尺寸越大，所占的空间也越大。更改图像的尺寸，会直接影响图像的显示效果。在"图像大小"对话框中，相关操作的含义如下。

- 像素大小：通过改变"宽度"和"高度"值，可以调整图像在屏幕上的显示大小，图像的尺寸也发生相应变化。

- 图像大小：通过改变"宽度""高度"和"分辨率"值，可以调整图像的文件大小，图像的尺寸也会发生相应变化。

- 分辨率：指单位长度上像素的数目，其单位通常用 dpi(dots per inch)、"像素/英寸"或"像素/厘米"表示。图像分辨率的高低直接影响着图像的质量，分辨率越高，则文件也就越大，图像越清晰，但处理图像的速度会稍慢。

## 1.1.3　水平翻转风景图像

在 Photoshop 中，用户可以根据图像设计的需要，对风景图像进行水平翻转操作。下面介绍水平翻转风景图像的操作方法。

扫码看视频

01　在菜单栏中，单击"图像"|"图像旋转"|"水平翻转画布"命令，如图 1-8 所示。

02　执行操作后，即可水平翻转风景图像，如图 1-9 所示。

图 1-8　单击"水平翻转画布"命令　　　　　　　　图 1-9　水平翻转风景图像

## 1.1.4　保存风景图像文件

对风景图像进行编辑后，应及时地保存图像文件，以免因各种原因而导致文件丢失。Photoshop 支持多种图像文件格式，用户可以选择不同的格式存储文件。下面介绍保存风景图像文件的操作方法。

扫码看视频

01　在菜单栏中，单击"文件"|"存储为"命令，如图 1-10 所示。

02　弹出"存储为"对话框，设置文件名称与保存路径，单击"保存"按钮，即可保存图像文件，如图 1-11 所示。

图 1-10　单击"存储为"命令　　　　　　　　图 1-11　保存图像文件

专家提醒

除了运用上述方法可以保存图像文件外，还有以下两种常用的方法。

● 按【Ctrl+S】组合键，保存图像文件。

● 按【Shift+Ctrl+S】组合键，保存图像文件。

# 1.2 案例实战：人像写真处理

【效果对比】有时我们会对拍摄的人物写真照片不满意，此时就需要进行图像处理。本实例主要介绍处理人像写真的方法，包括创建人物选区、对人物进行抠图、缩放人物大小、擦除不需要的图像，以及将人物牙齿处理得更亮白等内容。原图与效果对比，如图 1-12 所示。

图 1-12 原图与效果对比

## 1.2.1 创建人物对象选区

对象选择工具可以在图像上快速创建对象选区，如人物对象选区、动物对象选区，以及商品对象选区等。下面介绍使用对象选择工具，在绘画区域创建人物对象选区的操作方法。

扫码看视频

**01** 单击"文件"|"打开"命令，打开一幅素材图像，如图 1-13 所示。

**02** 在工具箱中，选取"对象选择工具"，如图 1-14 所示。

图 1-13 打开素材图像

图 1-14 选取对象选择工具

专家提醒

选取工具箱中的对象选择工具后，将鼠标移至图像编辑窗口中的某个对象上，单击鼠标左键，也可以快速为对象创建选区。

03 将鼠标移至图像编辑窗口中的图像上，按住鼠标左键并向右下角拖曳，绘制一个矩形选区，如图 1-15 所示。

04 释放鼠标左键，此时 Photoshop 会从用户绘制的矩形选区内自动选中人物对象，为人物对象创建精确的选区，如图 1-16 所示。

图 1-15　绘制矩形选区　　　　　　　　　　　　　图 1-16　为人物对象创建选区

## 1.2.2　对人物对象进行抠图

当我们在图像上创建人物对象的选区后，接下来可以对人物对象进行抠图处理，抠出来的人物可与其他图像进行合成，具体操作步骤如下。

扫码看视频

01 在"图层"面板中，按【Ctrl+J】组合键，复制选区内的图像，并隐藏"图层 1"图层，如图 1-17 所示。

02 执行操作后，即可抠出人物对象，效果如图 1-18 所示。

图 1-17　隐藏"图层 1"图层　　　　　　　　　　　图 1-18　抠出人物对象

## 1.2.3　缩放人物图像大小

对人物图像进行缩放处理，能使人物图像显示出独特的视角，也可以使人物与背景图像之间更加协调。下面介绍运用"缩放"命令缩放人物图像的操作方法。

01 在菜单栏中，单击"编辑"|"变换"|"缩放"命令，如图 1-19 所示。

扫码看视频

02 执行操作后，图像四周会显示控制柄，如图 1-20 所示。

图 1-19　单击"缩放"命令

图 1-20　图像四周显示控制柄

**03** 将鼠标移至变换控制框右上角的控制柄上，当鼠标指针呈双向箭头形状⤢时，在按住鼠标左键的同时向左下方拖曳，调整至合适大小，如图 1-21 所示。

**04** 按【Enter】键确认，即可缩放人物图像，效果如图 1-22 所示。

图 1-21　调整至合适大小

图 1-22　缩放人物图像

## 1.2.4　擦除不需要的图像

橡皮擦工具 🖌️ 可以用来擦除人物图像中不需要的部分。通过上一例的效果我们可以看到，人像头部左侧有些头发丝没有处理好，接下来需要使用橡皮擦工具进行擦除处理，具体操作步骤如下。

扫码看视频

**01** 选取工具箱中的"橡皮擦工具" 🖌️，如图 1-23 所示。

**02** 在工具属性栏中，设置"大小"为 25 像素、"硬度"为 0%、"不透明度"为 70%，如图 1-24 所示。

**03** 移动鼠标指针至人物左侧的头发丝处，按住鼠标左键并拖曳，进行涂抹，将相应区域擦除，效果如图 1-25 所示。

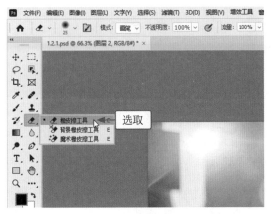

图 1-23 选取橡皮擦工具

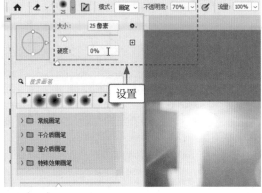

图 1-24 设置参数

图 1-25 将相应区域擦除

**专家提醒**

工具箱中的橡皮擦工具✐，其属性栏中各主要选项的含义如下。

- 模式：在该下拉列表中可选择的橡皮擦模式有"画笔""铅笔""块"。当选择不同的橡皮擦模式时，工具属性栏也不同，选择"画笔""铅笔"选项时，与画笔工具✐和铅笔工具✐的用法相似，只是功能为绘画或擦除的区别；选择"块"选项时，就是一个方形的橡皮擦。

- 不透明度：在数值框中输入数值或拖曳滑块，可以设置橡皮擦的不透明度。

- 流量：用来控制橡皮擦工具✐的涂抹速度。

- 抹到历史记录：选中该复选框后，将橡皮擦工具✐移动到图像上时，擦除部分会变成图案，可以将图像恢复到"历史记录"面板中的任何一个"快照"。

- 使用橡皮擦工具✐处理"背景"图层或锁定了透明区域的图层时，涂抹区域会显示为背景色；处理其他图层时，可以擦除涂抹区域的像素。

# 1.2.5 将牙齿处理得更亮白

使用减淡工具🔍可以加亮图像的局部色彩，通过提高图像局部区域的亮度来校正曝光。下面介绍将人物的牙齿处理得更亮白的方法，具体操作步骤如下。

扫码看视频

**01** 选取工具箱中的"减淡工具"🔍，如图 1-26 所示。

**02** 在工具属性栏中，设置"大小"为 15 像素、"硬度"为 0%、"曝光度"为 100%，如图 1-27 所示。

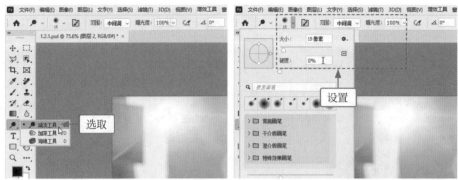

图 1-26　选取减淡工具　　　　　　图 1-27　设置参数

**03** 移动鼠标指针至人物的牙齿处，按住鼠标左键并拖曳，进行涂抹，将人物的牙齿擦得更加亮白，最后使用"移除工具" 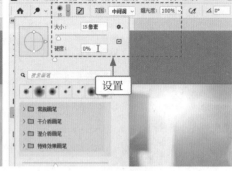 修复画面细节，最终效果如图 1-28 所示。

图 1-28　最终效果

> **专家提醒**
>
> 工具箱中的减淡工具 🔦，其属性栏中各主要选项的含义如下。
>
> 范围：用于设置不同色调的图像区域，此下拉列表中包括"阴影""中间调""高光"3 个选项。选择"阴影"选项，则对图像暗部区域的像素进行颜色减淡处理；选择"中间调"选项，则对图像中的中间调（色阶值接近 128 的图像像素）区域进行颜色减淡处理；选择"高光"选项，则对图像中亮部区域的像素进行颜色减淡处理。
>
> 曝光度：该数值设置得越高，减淡工具 🔦 的使用效果就越明显。
>
> 保护色调：如果希望操作后图像的色调不发生变化，选中该复选框即可。

# 1.3　案例实战：动物照片处理

【效果对比】小型宠物不仅可爱，与人类之间的情感和互动也非常温馨，所以很多人都喜欢拍摄这些小动物的照片。本实例介绍处理动物照片的方法，主要包括裁剪素材画面、扩展图像画布大小、创建动物选区并进行抠图合成等内容。原图与效果对比，如图 1-29 所示。

图 1-29　原图与效果对比

## 1.3.1　裁剪动物素材画面

在 Photoshop 中，裁剪工具可以对图像进行裁剪操作，重新定义画布的大小。下面介绍运用裁剪工具裁剪动物素材画面的操作方法。

**01** 单击"文件"|"打开"命令，打开一幅素材图像，如图 1-30 所示。

**02** 在工具箱中，选取"裁剪工具"，如图 1-31 所示。

图 1-30　打开素材图像

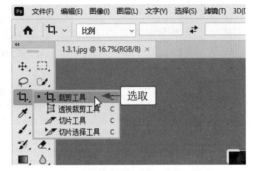
图 1-31　选取裁剪工具

**03** 图像边缘会显示一个变换控制框，将鼠标移至变换控制框右上角的控制柄上，当鼠标指针呈双向箭头形状时，在按住鼠标左键的同时向左下方拖曳，调整裁剪框的大小，如图 1-32 所示。

**04** 在裁剪框内双击鼠标左键，即可裁剪图像，效果如图 1-33 所示。

图 1-32　调整裁剪框的大小

图 1-33　裁剪图像的效果

**专家提醒**

在变换控制框中，可以对裁剪区域进行适当调整，将鼠标指针移动至控制框四周的 8 个控制柄上，当指针呈 形状时，在按住鼠标左键的同时拖曳，即可放大或缩小裁剪区域；将鼠标指针移动至控制框外，当指针呈 形状时，在按住鼠标左键的同时拖曳，可对其裁剪区域进行旋转操作。

## 1.3.2　扩展图像画布大小

画布是指实际打印的工作区域，图像画布大小是指当前图像周围工作空间的大小，改变画布大小会直接影响最终的输出效果。下面介绍扩展图像画布大小的操作方法。

**01** 在菜单栏选择"图像"|"画布大小"命令，如图 1-34 所示。

**02** 执行操作后，弹出"画布大小"对话框，如图 1-35 所示。

图 1-34　选择"画布大小"命令　　　　图 1-35　"画布大小"对话框

**03** 在"新建大小"选项区中，设置"高度"为 2300 像素，如图 1-36 所示。

**04** 单击"确定"按钮，即可调整图像的画布大小，此时图像上方和下方显示了多余的空白区域，如图 1-37 所示。

图 1-36　设置画布高度　　　　图 1-37　调整图像的画布大小

## 1.3.3　抠取动物图像并保存选区

快速选择工具是用来选择相近颜色的工具，在按住鼠标左键并拖曳的过程中，它能够快速选择多个颜色相似的区域，相当于按住【Shift】键或【Alt】键不断使用魔棒工具单击的效果。下面介绍使用快速选择工具抠取动物图像并保存选区的操作方法。

扫码看视频

**01** 在工具箱中选取"快速选择工具"，将鼠标指针移至图像编辑窗口中的动物处，按住鼠标左键并拖曳，即可为动物图像创建选区，如图 1-38 所示。

**02** 在工具属性栏中，单击"选择并遮住"按钮，在左侧工具箱中选取"调整边缘画笔工具"，在动物选区的边缘进行涂抹，优化选区，如图 1-39 所示。

图 1-38　为动物图像创建选区

图 1-39　在选区的边缘涂抹

**03** 单击右下角的"确定"按钮，返回 Photoshop 工作界面，单击"选择"|"存储选区"命令，弹出"存储选区"对话框，在其中设置选区的名称，如图 1-40 所示。

**04** 单击"确定"按钮，即可存储选区，在"通道"面板中可以查看保存的选区，方便以后调用该选区进行相关操作，如图 1-41 所示。

图 1-40　设置选区的名称

图 1-41　查看保存的选区

**专家提醒**

在"存储选区"对话框中，各主要选项的含义如下。

- 文档：可以选择保存选区的目标文件，默认情况下选区保存在当前文档中，也可以选择将选区保存在一个新建的文档中。

- 通道：可以选择将选区保存到一个新建的通道，或保存到其他 Alpha 通道中。

- 名称：设置存储的选区在通道中的名称。

- 新建通道：选中该单选按钮，可以将当前选区存储在新通道中。

- 添加到通道：选中该单选按钮，可以将选区添加到目标通道的现有选区中。

## 1.3.4 对动物抠图并合成新图像

将选区内的动物图像抠出来，然后删除背景图像，或与其他的背景图像进行合成，可以制作出极具创意的画面效果，具体操作步骤如下。

扫码看视频

**01** 在"通道"面板中，选择 RGB 通道，返回"图层"面板，单击"选择"|"反选"命令，反选背景图像，如图 1-42 所示。

**02** 在"背景"图层上，双击鼠标左键，弹出"新建图层"对话框，单击"确定"按钮，将"背景"图层转换为"图层 0"图层，然后按【Delete】键删除背景图像，按【Ctrl+D】组合键取消选区，抠出来的图像效果如图 1-43 所示。

图 1-42 反选背景图像

图 1-43 对小狗图像进行抠图

**03** 单击"文件"|"打开"命令，打开一幅背景素材图像，将其拖曳至小狗图像编辑窗口中，自动生成"图层 1"图层，将其调至"图层 0"图层的下方，如图 1-44 所示。

**04** 至此，完成小狗图像与背景图像的合成操作，效果如图 1-45 所示。

图 1-44 调整图层的顺序

图 1-45 最终效果

# 第 2 章
## 小试牛刀：修饰与润色图像细节

在图像的后期处理中，掌握一些实用的 Photoshop 图像修饰技巧，能够让图片效果更加完美。本章以高山溪水、汽车广告及跨江大桥 3 个实例，讲解 Photoshop 的图像修饰与润色技巧，修饰图像素材中的缺陷或污点，让作品更具吸引力。

# 2.1 案例实战：高山溪水处理

【效果对比】本实例介绍处理高
山溪水图像的方法，主要包括用污点
修复画笔工具修复瑕疵，用修复画笔
工具去除污点，用加深工具调暗图像
局部色彩，以及用锐化工具增强图像
清晰度等内容。原图与效果对比，如
图 2-1 所示。

图 2-1　原图与效果对比

## 2.1.1 用污点修复画笔工具修复瑕疵

使用污点修复画笔工具 🖌 时，只需在图像中有瑕疵的地方进行涂抹，即可修复图像。
下面介绍运用污点修复画笔工具修复瑕疵的操作方法。

**01** 单击"文件"|"打开"命令，打开一幅素材图像，如图 2-2 所示。

**02** 选取工具箱中的"污点修复画笔工具" 🖌，如图 2-3 所示。

扫码看视频

图 2-2　打开素材图像

图 2-3　选取污点修复画笔工具

**03** 在工具属性栏中，设置画笔"大小"为 90 像素，移动鼠标指针至溪水中的黑色石头处，按住鼠标左键并拖曳，
对图像进行涂抹，鼠标涂抹过的区域呈黑色显示，如图 2-4 所示。

**04** 释放鼠标左键，即可使用"污点修复画笔工具" 🖌 修复高山溪水风景图像中的瑕疵，效果如图 2-5 所示。

图 2-4　对图像进行涂抹

图 2-5　修复风景图像中的瑕疵

**专家提醒**

　　Photoshop 中的污点修复画笔工具 能够自动分析鼠标涂抹处及周围图像的不透明度、颜色与质感，从而进行取样与修复操作。

## 2.1.2　用修复画笔工具去除污点

　　在使用修复画笔工具 时，应先对图像进行取样，然后将取样的图像填充到要修复的目标区域中，使修复的区域和周围的图像相融合，还可以将所选择的图案应用到要修复的图像区域中。下面介绍运用修复画笔工具去除图像污点的操作方法。

扫码看视频

**01**　选取工具箱中的"修复画笔工具" ，如图 2-6 所示。

**02**　在工具属性栏中，设置画笔"大小"为 90 像素，将鼠标指针移至图像中的相应位置，在按住【Alt】键的同时单击鼠标左键进行取样，如图 2-7 所示。

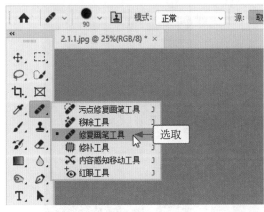

图 2-6　选取修复画笔工具

图 2-7　单击鼠标左键取样

专家提醒

运用修复画笔工具 🖉 修复图像时，可以先将素材图像放大，然后进行修复，从而使操作更精确。

**03** 释放鼠标左键，将鼠标指针移至瑕疵处，按住鼠标左键并拖曳，至合适位置后释放鼠标，即可去除污点，局部图与全景图的效果如图 2-8 所示。

图 2-8　去除污点后的效果

## 2.1.3　用加深工具调暗图像局部色彩

使用加深工具 ◐ 可以调暗图像局部的色彩，通过降低图像局部区域的亮度来达到明暗对比强烈的光影效果。下面介绍运用加深工具调暗图像局部色彩的操作方法。

扫码看视频

**01** 选取工具箱中的"加深工具" ◐，在工具属性栏中，设置画笔的"大小"为 500 像素、"曝光度"为 10%，在"范围"下拉列表中选择"中间调"选项，如图 2-9 所示。

**02** 在图像四周的阴影区域进行涂抹，即可调暗图像四周的亮度，增强画面中间主体区域的明暗对比，效果如图 2-10 所示。

图 2-9　设置选项　　　　　　　　　　　　图 2-10　调暗图像四周的亮度

扫码看视频

## 2.1.4　用锐化工具增强图像清晰度

使用锐化工具 △ 可以增加相邻像素的对比度，将较软的边缘明显化，使图像更聚焦。下面介绍运用锐化工具增强小溪流水清晰度的操作方法。

**01** 选取"锐化工具"△，在工具属性栏中，设置"大小"为300 像素，如图 2-11 所示。

**02** 将鼠标指针移至图像中的小溪流水处，按住鼠标左键在图像上进行反复涂抹，即可锐化图像，效果如图 2-12 所示。

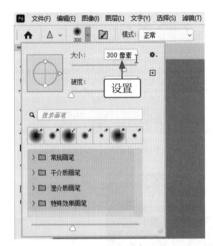

图 2-11　设置"大小"参数

图 2-12　锐化图像

## 2.2　案例实战：汽车广告处理

【效果对比】本实例介绍处理汽车广告图片的方法，主要包括用移除工具去除多余元素，用减淡工具加亮主体局部色彩，用"天空变换"命令合成天空图像，以及用"变形"命令改变背景图像等内容。原图与效果对比，如图 2-13 所示。

图 2-13　原图与效果对比

## 2.2.1　用移除工具去除多余元素

处理汽车广告图片时，使用 Photoshop 中的移除工具 ，可以一键智能去除画面中的干扰元素，大幅提高工作效率，具体操作方法如下。

扫码看视频

**01**　单击"文件"|"打开"命令，打开一幅素材图像，如图 2-14 所示。

**02**　选取工具箱中的"移除工具" ，在工具属性栏中，设置"大小"为 300，如图 2-15 所示。

图 2-14　打开素材图像

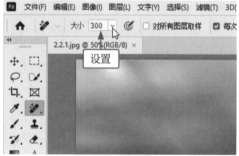

图 2-15　设置图像大小

**03**　移动鼠标指针至左下方的小凳子图像上，按住鼠标左键并拖曳，对图像进行涂抹，鼠标涂抹过的区域呈淡红色显示，如图 2-16 所示。

**04**　释放鼠标左键，即可去除小凳子元素，效果如图 2-17 所示。

图 2-16　涂抹过的区域呈淡红色显示

图 2-17　去除小凳子元素

## 2.2.2　用减淡工具加亮主体局部色彩

使用减淡工具 🔍 可以加亮图像的局部色彩，通过提高图像局部区域的亮度来校正曝光。减淡工具的工具属性栏中，各主要选项的含义如下。

扫码看视频

- 范围：用于设置不同色调的图像区域，此下拉列表中包括"阴影""中间调""高光"3 个选项。选择"阴影"选项，可对图像暗部区域的像素进行颜色减淡处理；选择"中间调"选项，可对图像中的中间调（色阶值接近 128 的图像像素）区域进行颜色减淡处理；选择"高光"选项，可对图像亮部区域的像素进行颜色减淡处理。

- 曝光度：该数值设置得越高，减淡工具的使用效果就越明显。

- 保护色调：如果希望操作后图像的色调不发生变化，选中该复选框即可。

下面介绍运用减淡工具，加亮图像主体局部色彩的操作方法。

01　选取工具箱中的"减淡工具" 🔍，在工具属性栏中，设置"大小"为 200 像素、"范围"为"中间调"和"曝光度"为 30%，如图 2-18 所示。

02　将鼠标指针移至图像中的白色汽车部分，按住鼠标左键并拖曳，多次涂抹图像，即可提高汽车局部的色彩亮度，效果如图 2-19 所示。

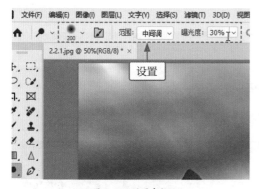

图 2-18　设置参数

图 2-19　提高汽车局部的色彩亮度

## 2.2.3　用"天空替换"命令合成天空

在汽车广告的后期处理中，合适的天空效果可以极大地提升画面的美感和品质，Photoshop 中的"天空替换"命令提供了简单直接的方式来实现这一效果。下面介绍运用"天空替换"命令合成天空图像的操作方法。

扫码看视频

01　在菜单栏中，单击"编辑"|"天空替换"命令，如图 2-20 所示。

02　弹出"天空替换"对话框，单击"单击以选择替换天空"按钮 ，如图 2-21 所示。

图 2-20 单击"天空替换"命令

图 2-21 "天空替换"对话框

---

**专家提醒**

"天空替换"对话框中内置了多种高质量的天空图像模板，用户也可以导入外部图片作为自定义天空。"天空替换"命令可以将素材图像中的天空自动替换为更惊艳的天空效果，同时保留图像的自然景深。

---

**03** 执行操作后，在弹出的列表框中选择适合的天空图像模板，如图 2-22 所示。

**04** 单击"确定"按钮，即可合成新的天空图像，效果如图 2-23 所示。

图 2-22 选择天空图像模板

图 2-23 合成新的天空图像

---

**专家提醒**

在拍摄风光作品时，如果天气不理想，可以使用"天空替换"命令，更换适合的天空效果。

# 2.2.4　用"变形"命令改变背景图像

扫码看视频

如果用户对汽车广告中的背景不太满意，如觉得天空所占的比例太小了，则可以通过"变形"命令改变背景图像的效果，具体操作步骤如下。

**01**　在"图层"面板中，按【Ctrl+Shift+Alt+E】组合键，盖印图层，得到"图层 1"图层，如图 2-24 所示。

**02**　在菜单栏中，单击"编辑"|"变换"|"变形"命令，此时图像上显示变形控制框，如图 2-25 所示。

图 2-24　得到"图层 1"图层

图 2-25　图像上显示变形控制框

**03**　在工具属性栏的"拆分"选项区中，单击"水平拆分变形"按钮，在图像中山脉的顶部单击鼠标左键，确定水平拆分位置，然后按键盘上的【↓】方向键，可以将天空的区域扩大，如图 2-26 所示。

**04**　变形操作完成后，按【Enter】键确认，即可调整天空区域的高度，使云彩更加绚丽夺目，效果如图 2-27 所示。

图 2-26　将天空的区域扩大

图 2-27　调整天空区域的高度

**05**　再次运用"变形"命令，在汽车的底部增加一条水平拆分线，然后按键盘上的【↓】方向键，缩小前景中草地的高度，如图 2-28 所示。

**06**　执行操作后，按【Enter】键确认，即可完成变形处理，效果如图 2-29 所示。

图 2-28　缩小前景中草地的高度

图 2-29　最终效果

# 2.3 案例实战：跨江大桥处理

【效果对比】本实例介绍处理跨江大桥图像的方法，主要包括用修补工具修复图像、用仿制图章工具复制建筑，以及用"调整"面板润色图像等内容。原图与效果对比，如图 2-30 所示。

图 2-30 原图与效果对比

## 2.3.1 用修补工具修复图像

修补工具 🖌 与修复画笔工具 🖌 一样，能够将样本像素的纹理、光照和阴影与原像素进行匹配。下面介绍运用修补工具修复图像的操作方法。

扫码看视频

01 单击"文件" | "打开"命令，打开一幅素材图像，如图 2-31 所示。

02 选取工具箱中的"修补工具" 🖌，在图像右下角需要修补的位置按住鼠标左键并拖曳，创建一个选区，如图 2-32 所示。

图 2-31 打开素材图像　　　　　　　　　图 2-32 创建选区

创建 →

**03** 按住鼠标左键并拖曳选区至图像左侧颜色相近的位置，如图 2-33 所示。

**04** 释放鼠标左键，即可完成修补操作，单击"选择"|"取消选择"命令，取消选区，效果如图 2-34 所示。

图 2-33　拖曳至颜色相近的位置

图 2-34　完成修补操作并取消选区

---

**专家提醒**

工具箱中的修补工具🩹，其属性栏中各主要选项含义如下。

- 选区运算按钮组🔲🔳🔲🔲：针对创建的选区进行操作，可以对选区进行添加、删除等处理。单击"新选区"按钮🔲，可以在图像中创建不重复的选区；如果用户要在已经创建的选区之外增加选择范围，可以单击"添加到选区"按钮🔲，即可得到两个选区范围的并集；单击"从选区减去"按钮🔲，是对已存在的选区利用选框工具将原有选区减去一部分；在创建一个选区后，单击"与选区交叉"按钮🔲，再创建一个与原选区相交的选区，此时就会得到两个选区的交集。

- 修补：用于设置图像的修补方式。

- 源：单击该按钮，当将选区拖曳至要修补的区域以后，释放鼠标左键就会用当前选区中的图像修补原来选中的内容。

- 目标：单击该按钮，会将选中的图像复制到目标区域。

- 透明：该复选框用于设置所修复图像的透明度。

- 使用图案：单击该按钮，可以应用图案对所选区域进行修复。

---

# 2.3.2　用仿制图章工具复制建筑

在 Photoshop 中，使用仿制图章工具🖈，可以复制出一模一样的样本图像。下面介绍运用仿制图章工具复制多个建筑图像的操作方法。

**01** 选取工具箱中的"仿制图章工具"🖈，如图 2-35 所示。

**02** 将鼠标指针移至图像右侧的建筑位置处，按住【Alt】键的同时单击鼠标左键，对建筑进行取样，如图 2-36 所示。

扫码看视频

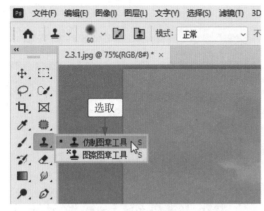

图 2-35　选取仿制图章工具

图 2-36　对建筑进行取样

**03** 释放【Alt】键，将鼠标指针移至图像中的其他位置，按住鼠标左键并拖曳，即可对样本建筑进行复制，如图2-37所示。

**04** 用同样的方法，在右侧再次复制建筑对象，效果如图 2-38 所示。

图 2-37　对样本建筑进行复制

图 2-38　复制建筑对象

## 2.3.3　用"调整"面板润色图像

在 Photoshop (Beta) 版本中，有一个"调整"面板，其中新增了一些人工智能调整图像色彩的功能，有多种预设模式，用户可以使用相应的预设模式来润色图像。下面介绍运用"调整"面板润色图像的操作方法。

扫码看视频

**01** 单击"窗口"|"调整"命令，弹出"调整"面板，单击"调整预设"选项前面的箭头符号 >，展开"调整预设"选项，在下方单击"更多"按钮，展开"人像"选项区，选择"忧郁蓝"选项，调出"忧郁蓝"风格的色调效果，如图 2-39 所示。

**02** 此时，"图层"面板中新增了一个"人像 - 忧郁蓝"的调整图层组，其中包括"曲线 1"和"照片滤镜 1"两个调整图层，如图 2-40 所示。

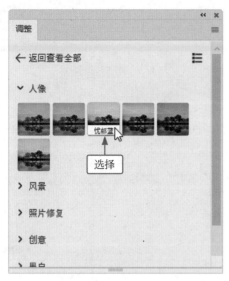

图 2-39 选择"忧郁蓝"选项

图 2-40 查看新增的调整图层组

**03** 在图像编辑窗口中，可以查看"忧郁蓝"风格的图像效果，如图 2-41 所示。

图 2-41 查看"忧郁蓝"风格的图像效果

**专家提醒**

　　如果用户需要进行连续的调色操作，在完成一幅图像的处理后不必关闭"调整"面板，这样在打开下一幅素材图像时，会自动展开前面已经选择的预设类型，可以省去很多不必要的操作，提高后期处理的效率。

# 第 3 章
## 色彩大战：调整图像颜色和色调

通过相机或手机拍摄照片时，难免会受到周围环境的影响，造成照片失去原有的色彩或者产生偏色。因此，掌握色彩的调整技巧是非常重要的。本章以城市夜景、海边风光，以及婚纱广告 3 个实例，介绍调整与处理图像颜色和色调的操作方法。

# 3.1　案例实战：城市夜景处理

【效果对比】本实例介绍处理城市夜景图像的方法，主要包括用"亮度／对比度"调整图像亮度、用"曝光"调整图像的整体曝光、用"色相／饱和度"调整图像色相，以及用"色阶"降低倒影的亮度范围等内容。原图与效果对比，如图 3-1 所示。

图 3-1　原图与效果对比

## 3.1.1　用"亮度/对比度"调整图像亮度

"亮度／对比度"命令主要对图像每个像素的亮度或对比度进行调整，此调整方式方便、快捷，但不适用于较为复杂的图像。下面介绍运用"亮度／对比度"命令调整图像的方法。

扫码看视频

01　单击"文件"|"打开"命令，打开一幅素材图像，如图 3-2 所示。

02　在菜单栏中，单击"图像"|"调整"|"亮度／对比度"命令，如图 3-3 所示。

图 3-2　打开素材图像

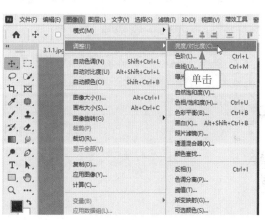

图 3-3　单击"亮度／对比度"命令

专家提醒

在"亮度/对比度"对话框中，各主要选项含义如下。

- 亮度：用于调整图像的亮度。该值为正时增加图像的亮度，为负时降低图像的亮度。

- 对比度：用于调整图像的对比度。该值为正值时增加图像的对比度，为负值时降低图像的对比度。

**03** 在弹出的"亮度/对比度"对话框中，设置"亮度"为 54、"对比度"为 27，如图 3-4 所示。

**04** 单击"确定"按钮，即可调整图像的亮度和对比度，效果如图 3-5 所示。

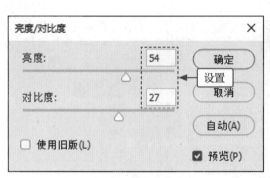

图 3-4 设置"亮度/对比度"参数

图 3-5 调整图像的亮度和对比度

## 3.1.2 用"曝光"调整图像的整体曝光

曝光是指被摄物体发出或反射的光线，通过相机镜头投射到感光器上，使之发生化学变化，产生显影的过程。一张照片的好坏，说到底就是影调分布是否足够体现光线的美感，以及曝光是否表现得恰到好处。在 Photoshop 中，可以通过"曝光度"命令来调整图像的曝光度，使画面曝光达到正常，具体操作方法如下。

扫码看视频

**01** 在菜单栏中，单击"图像"|"调整"|"曝光度"命令，如图 3-6 所示。

**02** 执行操作后，弹出"曝光度"对话框，设置"曝光度"为 0.89、"位移"为 -0.0437，提升图像的整体亮度与对比度，如图 3-7 所示。

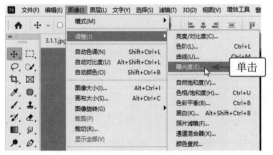

图 3-6 单击"曝光度"命令

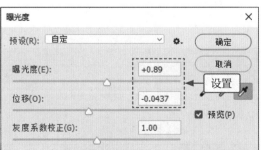

图 3-7 设置"曝光度"参数

03 单击"确定"按钮，即可增加城市夜景画面的曝光度，
让画面变得更加明亮、通透，光线对比更加强烈，
效果如图 3-8 所示。

图 3-8 增加城市夜景画面的曝光度

**专家提醒**

在"曝光度"对话框中，各主要选项的含义如下。

- 预设：可以选择一个预设的曝光度调整文件。
- 曝光度：可以调整图像的亮度。向右拖曳滑块，图像会变亮；向左拖曳滑块，图像会变暗。
- 位移：用于调节图像中的灰度数值，也就是中间调的明暗。
- 灰度系数校正：用于调整图像的灰度层次，使其在显示设备上得到更准确地呈现。通过校正灰度系数，可以使图像的灰色部分更加细腻、色彩更加均匀，从而更好地还原图像的真实色彩。

## 3.1.3 用"色相/饱和度"调整图像色相

在 Photoshop 中，使用"色相／饱和度"命令可以调整整个画面或单个颜色的色相、饱和度和明度，还可以同步调整照片中所有的颜色。下面介绍运用"色相／饱和度"命令改变颜色属性的操作方法。

扫码看视频

01 在菜单栏中，单击"图像"|"调整"|"色相／饱和度"命令，如图 3-9 所示。

02 执行操作后，弹出"色相／饱和度"对话框，设置"色相"为 23、"饱和度"为 11，让色相偏橙红色，并稍微增强饱和度，如图 3-10 所示。

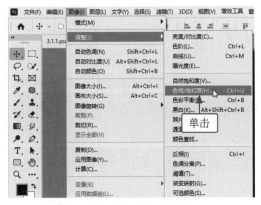

图 3-9 单击"色相／饱和度"命令

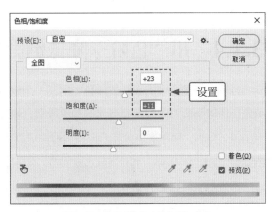

图 3-10 设置"色相／饱和度"参数

**03** 单击"确定"按钮，即可调整城市夜景照片的色相，让建筑的灯光变成橙红色，效果如图 3-11 所示。

图 3-11　调整城市夜景照片的色相

**专家提醒**

在"色相/饱和度"对话框中，各主要选项的含义如下。

● 预设：在该下拉列表中提供了多种"色相/饱和度"预设选项。

● 通道：在该下拉列表中可以选择"全图""红色""黄色""绿色""青色""蓝色""洋红"通道进行调整。

● 色相：用于改变图像的颜色，可通过在该数值框中输入数值或拖曳滑块来调整。色相是色彩的最大特征，能够比较确切地表示某种颜色的色别（即色调），是各种颜色最直接的区别，也是不同波长的色光被感觉的结果。

● 饱和度：是指色彩的鲜艳程度，也称为色彩的纯度。该数值越大，色彩越鲜艳；数值越小，就越接近黑白图像。

● 明度：是指图像的色彩明暗程度。该数值越大，图像就越亮；数值越小，图像就越暗。

● 着色：选中该复选框后，如果前景色是黑色或白色，图像会转换为红色；如果前景色不是黑色或白色，则图像会转换为当前前景色的色相。

● 在图像上单击并拖动可修改饱和度👆：使用该工具在图像上单击设置取样点以后，向右拖曳鼠标可以增加图像的饱和度；向左拖曳鼠标可以降低图像的饱和度。

# 3.1.4　用"色阶"降低倒影的亮度范围

　　色阶是指图像中的颜色或颜色中的某一个组成部分的亮度范围。"色阶"命令通过调整图像的阴影、中间调和高光的强度级别，校正图像的色调范围和色彩平衡。下面介绍运用"色阶"命令降低倒影亮度范围的操作方法。

扫码看视频

**01** 在工具箱中，选取"矩形选框工具"▭，在图像编辑窗口的水面倒影处，按住鼠标左键并向右下方拖曳，即可创建一个矩形选区，如图 3-12 所示。

**02** 在"图层"面板中，按【Ctrl+J】组合键，复制选区内的图像，得到"图层 1"图层，如图 3-13 所示。

图 3-12　创建一个矩形选区

图 3-13　复制选区内的图像

───── 专家提醒 ─────

与创建矩形选框有关的技巧如下。

- 按【M】键，可选取矩形选框工具。
- 按【Shift】键，可创建正方形选区。
- 按【Alt】键，可创建以起点为中心的矩形选区。
- 按【Alt+Shift】组合键，可创建以起点为中心的正方形。

**03**　在菜单栏中，单击"图像"|"调整"|"色阶"命令，如图 3-14 所示。

**04**　执行操作后，弹出"色阶"对话框，如图 3-15 所示。

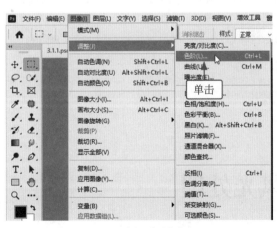

图 3-14　单击"色阶"命令

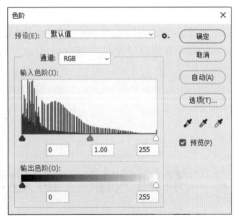

图 3-15　弹出"色阶"对话框

**05**　设置"输入色阶"的各参数值分别为 0、0.60、255，降低水面的亮度，适当压暗图像，如图 3-16 所示。

**06**　单击"确定"按钮，即可降低水面倒影的亮度范围，效果如图 3-17 所示。

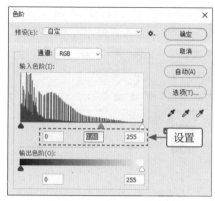

图 3-16 设置"色阶"参数

图 3-17 最终效果

💡
专家提醒

在"色阶"对话框中，各主要选项含义如下。

- 预设：可选择预设的色阶调整选项。单击"预设选项"按钮 ✿.，在弹出的下拉列表中，选择"存储预设"选项，可以将当前的调整参数保存为一个预设的文件。

- 通道：可以选择一个通道进行调整，调整通道会影响图像的颜色。

- 输入色阶：用来调整图像的阴影、中间调和高光区域。

- 输出色阶：可以限制图像的亮度范围，从而降低画面对比度，使图像呈现出褪色的效果。

- 自动：单击该按钮，可以应用自动颜色校正，Photoshop 会以 0.5% 的比例自动调整图像色阶，使图像的亮度分布更加均匀。

- 选项：单击该按钮，可以打开"自动颜色校正选项"对话框，在该对话框中可以设置黑色像素和白色像素的比例。

  在图像中取样以设置黑场 🖋：使用该工具在图像中单击，可以将单击点的像素调整为黑色，原图中比该点暗的像素也都会变为黑色。

  在图像中取样以设置灰场 🖋：使用该工具在图像中单击，可以根据单击点的像素亮度来调整其他中间色调的平均亮度，通常用来校正偏色问题。

  在图像中取样以设置白场 🖋：使用该工具在图像中单击，可以将单击点的像素调整为白色，原图中比该点亮度值高的像素也都会变为白色。

  除了上述方法可以调整图像色阶，还可以新建"色阶"调整图层来调整图像色阶，以方便在调整图像的过程中对参数进行修改。另外，按【Ctrl+L】组合键，可快速弹出"色阶"对话框，以提高工作效率。

# 3.2 案例实战：海边风光处理

【效果对比】本实例介绍处理海边风光图像的方法，主要包括用"自动对比度"调整图像对比度、用"自然饱和度"提升青苔的色彩、用 ACR 单独降低蓝色湖面的饱和度，以及用"色彩平衡"校正图像偏色问题等内容。原图与效果对比，如图 3-18 所示。

图 3-18　原图与效果对比

## 3.2.1　用"自动对比度"调整图像对比度

"自动对比度"命令可以自动调整图像中颜色的总体对比度和混合颜色，它将图像中最亮和最暗的像素映射为白色和黑色，使高光显得更亮而暗调显得更暗。下面介绍运用"自动对比度"命令调整图像的操作方法。

扫码看视频

**01**　单击"文件"|"打开"命令，打开一幅素材图像，如图 3-19 所示。

**02**　在菜单栏中，单击"图像"|"自动对比度"命令，如图 3-20 所示。

图 3-19　打开素材图像

图 3-20　单击"自动对比度"命令

**专 家 提 醒**

在 Photoshop 中，按【Alt+Shift+Ctrl+L】组合键，也可以快速调整图像的对比度。

**03**　执行操作后，即可自动调整图像的对比度，效果如图 3-21 所示。

图 3-21　调整图像对比度的效果

## 3.2.2　用"自然饱和度"提升青苔的色彩

不同饱和度的颜色会给人带来不同的视觉感受：高饱和度的颜色给人以积极、冲动、活泼、有生气、喜庆的感觉；低饱和度的颜色给人以消极、安静、沉稳、厚重的感觉。在 Photoshop 中，使用"自然饱和度"命令可以调整画面的饱和度，具体操作方法如下。

扫码看视频

**01**　在菜单栏中，单击"图像"|"调整"|"自然饱和度"命令，如图 3-22 所示。

**02**　执行操作后，弹出"自然饱和度"对话框，设置"自然饱和度"为 100、"饱和度"为 23，如图 3-23 所示。

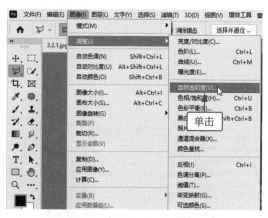

图 3-22　单击"自然饱和度"命令

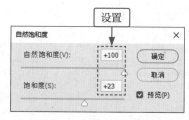

图 3-23　设置"自然饱和度"参数

**03**　单击"确定"按钮，即可增强画面整体的色彩饱和度，效果如图 3-24 所示。

图 3-24　增强画面整体色彩饱和度的效果

**专家提醒**

需要注意的是，"自然饱和度"选项和"饱和度"选项两者最大的区别为："自然饱和度"选项只会增加未达到饱和的颜色的浓度；"饱和度"选项则会增加整个图像的色彩浓度，可能会导致画面颜色过于饱和，而"自然饱和度"选项则不会出现这种问题。

## 3.2.3　用ACR单独降低蓝色湖面的饱和度

观察上一例的效果可以发现，图像中水面处的蓝色饱和度过高，接下来我们通过使用 ACR（全称 Adobe Camera Raw）功能单独降低蓝色湖面的饱和度，具体操作步骤如下。

扫码看视频

**01**　在菜单栏中，单击"滤镜"|"Camera Raw 滤镜"命令，如图 3-25 所示。

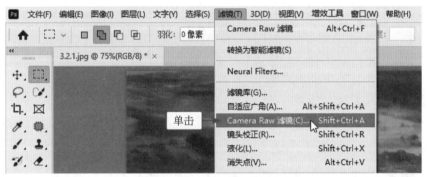

图 3-25　单击 "Camera Raw 滤镜" 命令

**02**　打开 Camera Raw 窗口，展开"混色器"选项区，在"饱和度"选项卡中设置"蓝色"为 -23，降低画面中蓝色的饱和度，如图 3-26 所示。

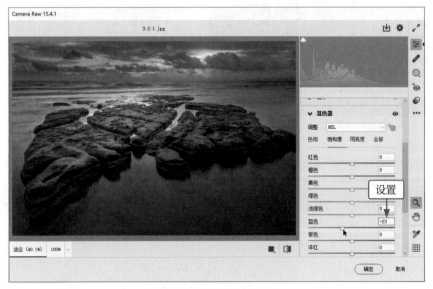

图 3-26　设置 "蓝色" 饱和度

**03** 设置完成，单击"确定"按钮，即可单独降低图像中水面处的蓝色饱和度，效果如图 3-27 所示。

图 3-27　降低水面处蓝色饱和度的效果

> **专家提醒**
> 　Adobe Camera Raw 插件通常与 Adobe Photoshop 和 Adobe Lightroom 等软件一起使用，为摄影师和图像处理专业人士提供更多的灵活性和创意控制，并实现高质量的图像输出。

# 3.2.4　用"色彩平衡"校正图像偏色问题

色彩平衡是图像后期处理中的一个重要环节，可以校正画面偏色的问题，以及色彩过饱和或饱和度不足的情况，用户也可以根据自己的喜好和制作需求，调制出个性化的色彩，实现更好的画面效果。下面介绍运用"色彩平衡"命令调整图像偏色问题的操作方法。

扫码看视频

**01** 选取"矩形选框"工具 □，在图像编辑窗口的天空晚霞处，按住鼠标左键并向右下方拖曳，即可创建一个矩形选区，如图 3-28 所示。

**02** 在"图层"面板中，按【Ctrl+J】组合键，复制选区内的图像，得到"图层 1"图层。在菜单栏中，单击"图像"|"调整"|"色彩平衡"命令，如图 3-29 所示。

图 3-28　创建矩形选区

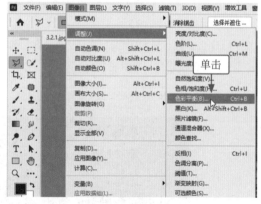

图 3-29　单击"色彩平衡"命令

**03** 在弹出的"色彩平衡"对话框中，选中"阴影"单选按钮，设置"色阶"参数值分别为 22、8、0，如图 3-30 所示，增强画面中阴影区域的红色和洋红色。

**04** 选中"高光"单选按钮，设置"色阶"参数值分别为 18、-1、-15，增强画面中高光区域的红色，降低洋红色和黄色，如图 3-31 所示。

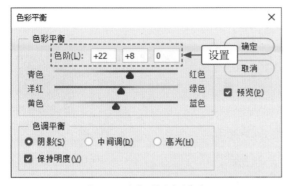

图 3-30 设置阴影区域的色阶　　　　　　图 3-31 设置高光区域的色阶

**05** 单击"确定"按钮，即可调整图像偏色的问题，效果如图 3-32 所示。

图 3-32 最终效果

# 3.3 案例实战：婚纱广告设计

【效果对比】本实例介绍设计婚纱广告的方法，主要包括用"自动色调"处理图片色调、用"明亮"提高人物的明亮度、为婚纱照片添加黑色描边效果，以及制作婚纱照片的平面广告效果等内容。原图与效果对比，如图 3-33 所示。

图 3-33 原图与效果对比

# 3.3.1 用"自动色调"处理图片色调

"自动色调"命令可以将每个颜色通道中最亮和最暗的像素分别设置为白色和黑色，并将中间色调按比例重新分布。下面介绍运用"自动色调"命令调整图像的操作方法。

扫码看视频

**01** 单击"文件"|"打开"命令，打开一幅素材图像，如图 3-34 所示。

**02** 在菜单栏中，单击"图像"|"自动色调"命令，如图 3-35 所示。

**03** 执行操作后，即可自动调整图像的色调，效果如图 3-36 所示。

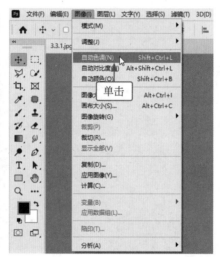

图 3-34　打开素材图像　　　　图 3-35　单击"自动色调"命令　　　　图 3-36　自动调整图像色调

专家提醒

除了运用菜单栏中的"自动色调"命令调整图像，用户还可以通过【Shift+Ctrl+L】组合键，快速调用"自动色调"命令。

# 3.3.2 用"明亮"提高人物的明亮度

"明亮"预设可以一键提升图像的亮度和对比度，使人物的轮廓变得更加分明、锐利，同时暗部细节也更加突出，画面更有层次感。下面介绍运用"明亮"预设提高人物明亮度的操作方法。

扫码看视频

**01** 在"调整"面板中，展开"人像"选项区，选择"明亮"选项，增加画面的亮度和对比度，如图 3-37 所示。

**02** 在图像编辑窗口中，可以查看调整后的照片效果，如图 3-38 所示。

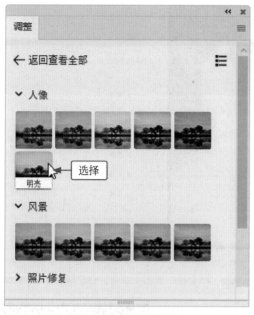

图 3-37　选择"明亮"选项

图 3-38　查看调整后的照片效果

### 3.3.3　为婚纱照片添加黑色描边效果

运用图层样式中的"描边"功能可以为照片添加各种颜色和宽度的边框，为婚纱照片增添不同的视觉效果。下面介绍为婚纱照片添加黑色描边效果的操作方法。

扫码看视频

**01** 在"图层"面板中，按【Ctrl+Shift+Alt+E】组合键，盖印图层，得到"图层 1"图层，如图 3-39 所示。

**02** 双击"图层 1"图层的缩览图，弹出"图层样式"对话框，选中"描边"复选框，设置"大小"为 30 像素、"位置"为"内部"、"颜色"为黑色，如图 3-40 所示。

图 3-39　得到"图层 1"图层

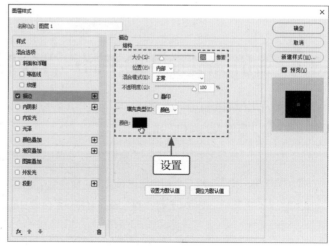

图 3-40　设置图层样式参数

03 单击"确定"按钮，即可为图层添
加"描边"图层样式，图像编辑窗
口中的图像效果如图 3-41 所示。

04 单击"滤镜"|"Camera Raw 滤镜"
命令，打开 Camera Raw 窗口，
展开"效果"选项区，设置"晕影"
为 -54，为照片添加晕影效果，如
图 3-42 所示。

05 展开"混色器"选项区，在"饱和
度"选项卡中设置"蓝色"为 -100，
降低画面中蓝色的饱和度，如
图 3-43 所示。

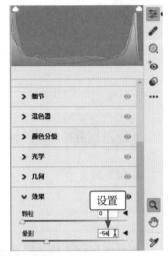

图 3-41　添加"描边"图层样式　　　　图 3-42　设置"晕影"参数

06 设置完成，单击"确定"按钮，即可为婚纱照片添加晕影效果，使人物主体更为突出，效果如图 3-44 所示。

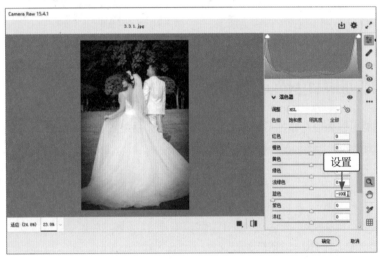

图 3-43　设置"蓝色"参数　　　　　　图 3-44　为婚纱照片添加晕影效果

## 3.3.4　制作婚纱照片的平面广告效果

在婚纱照片上添加相应的广告素材，可以制作出婚纱照片的广告效果。下面介绍制
作婚纱照片平面广告效果的操作方法。

01 单击"文件"|"打开"命令，打开一个素材文件，如图 3-45 所示。

02 选择所有图层，按【Ctrl+C】组合键进行复制，切换至婚纱照片图像窗口，按【Ctrl+V】
组合键粘贴广告素材，使用"移动工具" 将素材移至合适位置，效果如图 3-46 所示。

扫码看视频

图 3-45　打开素材文件

图 3-46　最终效果

PS AI 修图篇

# 第 4 章
## 核心掌握：AI 创成式填充与合成

Adobe Photoshop(Beta) 版集成了更多的 AI 功能，其中最强大的就是"创成式填充"功能，该功能是 Firefly 在 Photoshop 中的实际应用，让这一代 Photoshop 成为创作者和设计师不可或缺的工具。本章以人像街景、女包广告，以及草原风光 3 个实例讲解"创成式填充"功能的应用方法。

# 4.1 案例实战：人像街景设计

【效果对比】本实例介绍设计人像街景的方法，主要包括为人物主体创建选区、创意生成街景照片效果、对照片画布进行扩展操作、合并图层并调整照片色彩等内容。原图与效果对比，如图 4-1 所示。

图 4-1 原图与效果对比

## 4.1.1 为人物主体创建选区

下面介绍通过单击"主体"命令或"选择主体"按钮，快速将图像中的人物对象抠选出来的方法，具体操作步骤如下。

扫码看视频

01 单击"文件"|"打开"命令，打开一幅素材图像，如图 4-2 所示。

02 在菜单栏中，单击"选择"|"主体"命令，如图 4-3 所示。

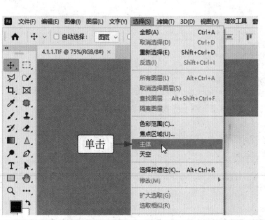

图 4-2 打开素材图像　　　　　　　　　图 4-3 单击"主体"命令

**03**　或者，在浮动工具栏中单击"选择主体"按钮，如图 4-4 所示。

**04**　执行操作后，即可创建人物主体选区，如图 4-5 所示。

💡 **专家提醒**

　　Photoshop( 简称 PS) 中的"选择主体"功能采用了先进的机器学习技术，经过学习训练后能够识别图像上的多种对象，包括人物、动物、车辆、玩具等，可以帮助用户快速在图像中的主体对象上创建一个选区，便于进行抠图和合成处理。

图 4-4　单击"选择主体"按钮

图 4-5　创建人物主体选区

# 4.1.2　创意生成街景照片效果

　　"创成式填充"功能可以通过智能生成的方式替换图片背景，下面将运用这个强大的功能，将室内的人物无缝置换到室外的街景中，具体操作方法如下。

扫码看视频

**01**　单击"选择"|"反选"命令，反选人物的背景区域，如图 4-6 所示。

**02**　在工具栏中，单击"创成式填充"按钮，输入关键词"街景"，单击"生成"按钮，如图 4-7 所示。

图 4-6　反选人物的背景区域

图 4-7　单击"生成"按钮

**03**　执行操作后，即可将图像的背景效果更改为街景，如图 4-8 所示。

**04**　在浮动工具栏中，单击"下一个变体"按钮 ，即可更换其他的街景背景样式，如图 4-9 所示。

图 4-8　将背景效果更改为街景

图 4-9　更换其他的街景背景样式

# 4.1.3　对照片画布进行扩展操作

在 Photoshop 中扩展图像的画布后，使用"创成式填充"功能可以自动填充空白的画布区域，生成与原图像对应的内容，具体操作步骤如下。

扫码看视频

**01**　选取工具箱中的"裁剪工具" 口，如图 4-10 所示。

**02**　此时，图像四周出现控制框，如图 4-11 所示。

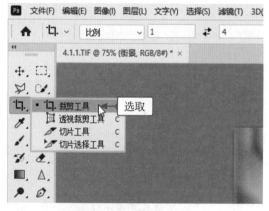

图 4-10　选取裁剪工具

图 4-11　图像四周出现控制框

**03**　依次拖曳图像四周中间的控制柄，扩展图像四周的画面内容，将人物安排在画面右侧三分线的位置，如图 4-12 所示。

**04**　按【Enter】键确认，即可扩展画布区域，效果如图 4-13 所示。

**05**　选取"矩形选框工具" ⬚，在图像上创建一个矩形选区，如图 4-14 所示。

**06**　单击"选择"|"反选"命令，反选图像的空白区域，如图 4-15 所示。

图 4-12　扩展图像四周的画面内容

图 4-13　扩展画布区域

图 4-14　创建矩形选区

图 4-15　反选图像的空白区域

**07**　在下方的浮动工具栏中，单击"创成式填充"按钮，然后单击"生成"按钮，如图 4-16 所示。

**08**　稍等片刻，即可在空白的画布中生成相应的图像内容，且能够与原图像无缝融合，效果如图 4-17 所示。

图 4-16　单击"生成"按钮

图 4-17　生成相应的图像内容

## 4.1.4　合并图层并调整照片色彩

　　对于创成式填充的图层，我们可以进行合并操作，有助于减少图像文件对磁盘空间的占用，同时可以提高系统的处理速度。合并图层后，我们可以对照片的色彩进行适当

扫码看视频

调整，使照片更具吸引力。下面介绍合并图层并调整照片色彩的操作方法。

**01** 在"图层"面板中，选择所有图层，单击鼠标右键，在弹出的快捷菜单中选择"合并可见图层"选项，如图 4-18 所示。

**02** 执行操作后，即可合并所选图层，如图 4-19 所示。

图 4-18 选择"合并可见图层"选项

图 4-19 合并所选图层

**专家提醒**

在 Photoshop 中，合并图层的方法还有以下 3 种。

● 按【Ctrl+E】组合键，可以向下合并一个图层或合并所选择的图层。

● 按【Shift+Ctrl+E】组合键，可以合并所有图层。

● 在所选择的图层上，单击鼠标右键，在弹出的快捷菜单中选择"合并图层"选项，即可合并所选择的图层。

**03** 在"调整"面板中，展开"风景"选项区，依次选择"凸显"选项和"暖色调对比度"选项，如图 4-20 所示。

**04** 执行操作后，即可凸显画面中的色彩，并增强画面对比度，效果如图 4-21 所示。

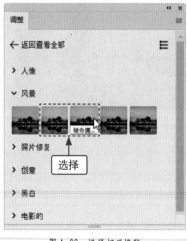

图 4-20 选择相应选项

图 4-21 最终效果

# 4.2　案例实战：女包广告设计

【效果对比】本实例介绍设计女包广告图片的方法，主要包括用魔棒工具抠取女包背景、为女包产品生成广告背景、在女包产品上添加装饰元素，以及添加买一送一等广告内容。原图与效果对比，如图4-22所示。

图 4-22　原图与效果对比

## 4.2.1　用魔棒工具抠取女包背景

使用魔棒工具 可以创建与图像颜色相近或相同的像素选区，在颜色相近的图像上单击鼠标左键，即可选取相近的颜色范围。运用魔棒工具可以轻松抠取图像的纯色背景，下面介绍具体的操作方法。

扫码看视频

01　单击"文件"|"打开"命令，打开一幅素材图像，如图 4-23 所示。

02　在工具箱中，选取"魔棒工具" ，如图 4-24 所示。

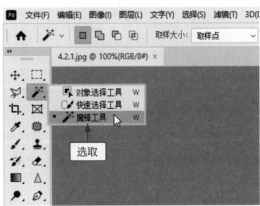

图 4-23　打开素材图像　　　　　　　　图 4-24　选取魔棒工具

**03** 在工具属性栏中，单击"添加到选区"按钮 ，如图 4-25 所示。

**04** 将鼠标指针移至图像编辑窗口中的女包背景上，多次单击鼠标左键，即可选中背景图像，如图 4-26 所示。

图 4-25 单击"添加到选区"按钮

图 4-26 选中背景图像

## 4.2.2 为女包产品生成广告背景

目前女包的背景太过于单调，我们需要使用"创成式填充"功能生成相应的广告背景，使画面更具美感和宣传性。下面介绍为女包产品生成广告背景的操作方法。

**01** 在工具栏中，单击"创成式填充"按钮，输入关键词"广告背景"，单击"生成"按钮，如图 4-27 所示。

**02** 执行操作后，即可在图像上生成相应的广告背景，如图 4-28 所示。

扫码看视频

图 4-27 单击"生成"按钮

图 4-28 生成广告背景

**03** 在浮动工具栏中，单击"下一个变体"按钮 ，即可更换其他的广告背景样式，如图 4-29 所示。

**04** 运用"移除工具" 或者"仿制图章工具" 对图像进行适当修复处理，完善女包的细节，合并所有图层，图像效果如图 4-30 所示。

图 4-29　更换其他的广告背景样式

图 4-30　完善女包的细节

---

💡

**专家提醒**

如果用户对于生成的广告背景样式不满意，可再次单击工具栏中的"生成"按钮，重新生成其他的广告背景样式。注意，即使是相同的关键词，PS 的"创成式填充"功能每次生成的图像效果都不一样。

---

## 4.2.3　在女包产品上添加装饰元素

使用 PS 的"创成式填充"功能，可以在商品图像的局部区域进行 AI(artificial intelligence，人工智能) 绘图操作，用户只需在画面中框选某个区域，然后输入想要生成的内容关键词，即可生成对应的图像内容，具体操作方法如下。

扫码看视频

**01**　运用"套索工具" ◯，创建一个不规则的选区，如图 4-31 所示。

**02**　在选区下方的浮动工具栏中，单击"创成式填充"按钮，在浮动工具栏左侧的输入框中输入关键词"可爱的绒毛吊坠装饰"，单击"生成"按钮，如图 4-32 所示。

图 4-31　创建不规则的选区

图 4-32　单击"生成"按钮

**03** 执行操作后,即可在图像上生成相应的装饰元素,如图 4-33 所示。

**04** 在生成式图层的"属性"面板中,在"变化"选项区中选择相应的图像,即可改变画面中生成的图像效果,如图 4-34 所示。

图 4-33 生成装饰元素

图 4-34 改变生成的图像效果

# 4.2.4 添加买一送一等广告内容

我们在制作电商广告图时,可以使用"创成式填充"功能在画面中快速添加一些广告元素,如"优惠券""买一送一"等,具体操作方法如下。

**01** 选取工具箱中的"矩形选框工具" ⬚ ,创建一个矩形选区,如图 4-35 所示。

**02** 在浮动工具栏中,单击"创成式填充"按钮,输入关键词"优惠券",单击"生成"按钮,如图 5-36 所示。

扫码看视频

图 4-35 创建矩形选区

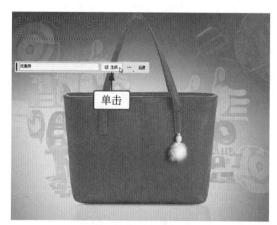

图 5-36 输入关键词并生成

**03** 执行操作后,即可生成一张优惠券,效果如图 4-37 所示。

**04** 在优惠券中的文字上,运用"矩形选框工具" ⬚ 创建一个矩形选区,在浮动工具栏中依次单击"创成式填充"按钮和"生成"按钮,如图 4-38 所示。

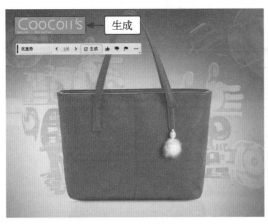

图 4-37　生成一张优惠券

图 4-38　单击"生成"按钮

**05** 执行操作后，即可去除优惠券中的文字内容，如图 4-39 所示。如果一次去除不干净，用户可以多单击几次"生成"按钮，直至将文字完全去除为止。

**06** 选取工具箱中的"横排文字工具" **T**，在优惠券中输入文字"买一送一"，在工具属性栏中设置"字体"为"隶书"、"字体大小"为 52、"颜色"为黑色（RGB 参数值均为 0），然后合并所有图层，效果如图 4-40 所示。

图 4-39　去除优惠券中的文字内容

图 4-40　最终效果

# 4.3　案例实战：草原风光处理

【效果对比】本实例介绍处理草原风光照片的方法，主要包括处理风光照片中的电线、在画面中添加一辆汽车、在风光照片中绘出一片湖、在天空中添加一群飞鸟等内容。原图与效果对比，如图 4-41 所示。

图 4-41　原图与效果对比

# 4.3.1　处理风光照片中的电线

当我们拍摄风光照片时，如果拍到电线是非常影响画面美观度的，此时可以在 Photoshop 软件中运用移除工具🖌去除天空中的电线，具体操作步骤如下。

扫码看视频

**01** 单击"文件"|"打开"命令，打开一幅素材图像，如图 4-42 所示。

**02** 在工具箱中选取"移除工具"🖌，在工具属性栏中设置"大小"为 15，调整移除工具的笔触大小，如图 4-43 所示。

图 4-42　打开素材图像

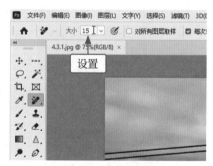

图 4-43　调整移除工具的笔触大小

**03** 将鼠标移至图像编辑窗口上方的电线处，按住鼠标左键并拖曳，沿着电线的位置进行涂抹，如图 4-44 所示。

**04** 释放鼠标左键，即可去除天空中的电线，如图 4-45 所示。

图 4-44　沿着电线的位置进行涂抹

图 4-45　去除天空中的电线

**05** 用同样的方法，去除天空中的另一根电线，效果如图 4-46 所示。

图 4-46　最终效果

# 4.3.2　在画面中添加一辆汽车

有时候单纯的风光照片并不美观，如果在画面中绘出一辆汽车，内容瞬间就生动起来了。下面介绍运用钢笔工具在照片上创建一个路径选区，然后绘出一辆汽车的操作方法。

扫码看视频

**01** 在工具箱中选取"钢笔工具" ，在图像编辑窗口中的适当位置，单击鼠标左键，绘制路径的第 1 个点，然后将鼠标移至另一位置，单击鼠标左键并拖曳，至适当位置后释放鼠标，绘制路径的第 2 个、第 3 个点，创建一条曲线路径，如图 4-47 所示。

**02** 用同样的方法，在图像中的适当位置依次单击鼠标左键，创建一个形状类似于汽车的路径，如图 4-48 所示。

图 4-47　创建曲线路径

图 4-48　创建一个汽车路径

**03** 按【Ctrl+Enter】组合键,将路径转换为选区,如图 4-49 所示。

**04** 在工具栏中,单击"创成式填充"按钮,输入关键词"汽车",单击"生成"按钮,如图 4-50 所示。

图 4-49 将路径转换为选区      图 4-50 单击"生成"按钮

**05** 稍等片刻,即可在草原上绘制出一辆汽车,如图 4-51 所示。

**06** 在生成式图层的"属性"面板中,在"变化"选项区中选择相应的图像,即可改变画面中生成的图像效果,如图 4-52 所示。

图 4-51 在草原上绘出一辆汽车      图 4-52 改变生成的图像效果

**07** 用同样的方法,在汽车的后面绘制一个矩形,运用关键词"汽车轮胎路过的痕迹"绘出汽车行驶过的痕迹,照片放大与全屏效果如图 4-53 所示。

图 4-53 照片放大与全屏效果

## 4.3.3　在风光照片中绘出一片湖

在照片中的草原上添加一个湖泊，可以使画面内容更加丰富、漂亮，具体操作步骤
如下。

**01** 运用"套索工具"，创建一个不规则的选区，如图 4-54 所示。

**02** 在选区下方的浮动工具栏中，单击"创成式填充"按钮，在浮动工具栏左侧的输入框中输
入关键词"一片蓝色的湖"，单击"生成"按钮，如图 4-55 所示。

图 4-54　创建不规则的选区

图 4-55　单击"生成"按钮

**03** 在工具栏中，单击"下一个变体"按钮，即可更换其他湖泊样式，如图 4-56 所示。

**04** 按【Ctrl+Shift+Alt+E】组合键，盖印图层，得到"图层 1"图层，运用"移除工具"对蓝色湖泊进行适当
修复处理，效果如图 4-57 所示。

图 4-56　更换其他湖泊样式

图 4-57　适当修复处理

## 4.3.4　在天空中添加一群飞鸟

飞鸟可以为画面带来生机与活力，起到装饰的作用。下面介绍为草原风光照片添加
一群飞鸟的方法，具体操作步骤如下。

**01** 将图像文件保存为 4.3.psd 文件，然后选取工具箱中的"椭圆选框工具"，在工具属性
栏中单击"添加到选区"按钮，如图 4-58 所示。

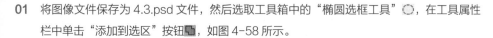

**02** 在图像中的适当位置绘制多个椭圆选区，如图 4-59 所示。

图 4-58　单击"添加到选区"按钮

图 4-59　绘制多个椭圆选区

**03** 在工具栏中单击"创成式填充"按钮，然后在左侧输入关键词"飞鸟"，单击"生成"按钮，如图 4-60 所示。

**04** 稍等片刻，即可生成相应的图像效果，在"变化"选项区中选择相应的图像，即可改变画面中生成的图像效果，如图 4-61 所示。

图 4-60　单击"生成"按钮

图 4-61　最终效果

# 第 5 章
## 勤学苦练：AI 滤镜让修图更简单

Neural Filters( 神经网络 ) 滤镜是 Photoshop 重点推出的 AI 修图技术，它可以帮助用户把复杂的修图工作简单化，大大提高工作效率。本章以人像妆容、创意风光及植物花卉 3 个实例，帮助大家掌握更简单、更有创意的修图方法。

# 5.1 案例实战：人像妆容处理

【效果对比】本实例介绍处理人像妆容的方法，主要包括对人物进行一键磨皮处理、对人物进行一键换妆处理、用ACR滤镜让皮肤更细腻，以及调整人物的整体色彩风格等内容。原图与效果对比，如图5-1所示。

图 5-1 原图与效果对比

## 5.1.1 对人物进行一键磨皮处理

对人物照片进行磨皮处理是一种常见的美容修饰技术，主要是为了改善人物的外观，使肌肤看起来更加光滑、细腻和完美。借助 Neural Filters 滤镜的"皮肤平滑度"功能，可以自动识别人物面部并进行磨皮处理，具体操作方法如下。

扫码看视频

**01** 单击"文件"|"打开"命令，打开一幅素材图像，如图5-2所示。

**02** 单击"滤镜"| Neural Filters 命令，展开 Neural Filters 面板，在左侧的"所有筛选器"列表框中开启"皮肤平滑度"功能，如图5-3所示。

图 5-2 打开素材图像　　　　　图 5-3 开启"皮肤平滑度"功能

**03** 在 Neural Filters 面板的右侧，设置"模糊"为 100、"平滑度"为 50，消除脸部的瑕疵，让皮肤变得更加平滑，如图 5-4 所示。

**04** 单击"确定"按钮，即可完成人脸的磨皮处理，如图 5-5 所示。

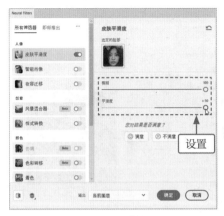

图 5-4　设置参数

图 5-5　最终效果

**专家提醒**

在 Neural Filters 面板中，还设置了一个"智能肖像"功能，用户可以通过几个简单的步骤简化复杂的肖像编辑工作流程，如改变人物的面部年龄、发型、眼睛方向、表情、面部朝向、光线方向等，使人物肖像更加符合用户的需求。

## 5.1.2　对人物进行一键换妆处理

妆容迁移是指将一个人的妆容样式应用到另一个人脸部的一种技术，Photoshop 采用了人工智能技术，尤其是深度学习方法，实现对妆容的自动迁移。下面介绍在 Neural Filters 面板中，使用"妆容迁移"功能一键换妆的操作方法。

扫码看视频

**01** 单击"滤镜"| Neural Filters 命令，展开 Neural Filters 面板，在左侧的"所有筛选器"列表框中，开启"妆容迁移"功能，如图 5-6 所示。

**02** 在右侧的"参考图像"选项区中，在"选择图像"列表框中选择"从计算机中选择图像"选项，如图 5-7 所示。

图 5-6　开启"妆容迁移"功能

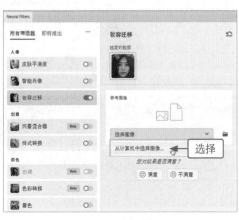

图 5-7　选择图像

**03** 在弹出的"打开"对话框中，选择相应的素材图像，如图5-8所示。

**04** 单击"使用此图像"按钮，即可上传参考图像，并且将参考图像中的人物妆容效果应用到原素材图像中，如图5-9所示。

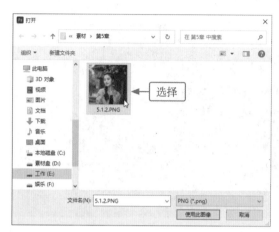

图 5-8　选择素材图像

图 5-9　上传参考图像

**专家提醒**

在 Neural Filters 面板中，开启"妆容迁移"功能后，在右侧的"参考图像"选项区中，单击"选择其他图像"右侧的按钮🖿，在弹出的对话框中还可以选择其他的参考图像，用户通过更换不同的参考图像，可以找到最适合人物肖像的妆容。

**05** 单击"确定"按钮，即可改变人物的妆容，效果如图5-10所示。

图 5-10　改变人物妆容

## 5.1.3　用ACR滤镜让皮肤更细腻

扫码看视频

经过前面两小节的处理，如果画面中人物的面部皮肤还不太细腻，则可以使用 ACR 对人物的皮肤进行细微调整，具体操作步骤如下。

**01**　在菜单栏中，单击"滤镜"|"Camera Raw 滤镜"命令，打开 Camera Raw 窗口，在右侧的"基本"面板中，设置"纹理"为 –15、"清晰度"为 –7，使人物面部的皮肤更加细腻、光滑，如图 5-11 所示。

**02**　设置完成，单击"确定"按钮，查看图像中人物面部皮肤效果，如图 5-12 所示。

图 5-11　设置参数

图 5-12　查看人物面部皮肤效果

## 5.1.4　调整人物的整体色彩风格

扫码看视频

如果对人像照片的色彩风格不满意，可以使用"调整"面板中的多种预设模式，调整照片的色彩，具体操作步骤如下。

**01**　在"调整"面板中，展开"风景"选项区，选择"凸显色彩"选项，凸显画面中的色彩，如图 5-13 所示。

**02**　展开"电影的"选项区，选择"忧郁蓝"选项，调出忧郁蓝风格，如图 5-14 所示。

图 5-13　选择"凸显色彩"选项

图 5-14　选择"忧郁蓝"选项

**03** 展开"人像"选项区，选择"明亮"选项，提高画面明亮度，如图 5-15 所示。

**04** 在"图层"面板中，可以查看新增的调整图层组，如图 5-16 所示。

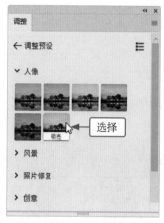

图 5-15 选择"明亮"选项

图 5-16 查看新增的调整图层组

**05** 在图像编辑窗口中，预览调整色彩后的人物照片效果，如图 5-17 所示。

图 5-17 最终效果

# 5.2 案例实战：创意风光处理

【效果对比】本实例介绍处理创意风光图像的方法，主要包括将画面秋景处理成春景、完美复合两个图像的颜色、对图像进行无损超级缩放，以及将效果导出为 JPG 图像等内容。原图与效果对比，如

图 5-18 所示。

图 5-18　原图与效果对比

# 5.2.1　将画面秋景处理成春景

使用 Neural Filters 滤镜中的"风景混合器"功能，通过与另一个图像混合或改变诸如时间和季节等属性，可以神奇地改变景观，下面介绍具体操作方法。

**01**　单击"文件"|"打开"命令，打开一幅素材图像，如图 5-19 所示。

**02**　单击"滤镜"| Neural Filters 命令，展开 Neural Filters 面板，在左侧的"所有筛选器"列表框中开启"风景混合器"功能，如图 5-20 所示。

扫码看视频

图 5-19　打开素材图像

图 5-20　开启"风景混合器"功能

**03**　在"预设"选项卡中，选择第 2 排第 3 个风景图像，如图 5-21 所示。

04 执行操作后，即可将原图与预设的图像进行混合，将秋景改变为春景，单击"确定"按钮，返回 Photoshop 工作界面，按【Ctrl+D】组合键取消选区，预览图像效果，如图 5-22 所示。

图 5-21　选择预设图像

图 5-22　将秋景改变为春景

## 5.2.2　完美复合两个图像的颜色

使用 Neural Filters 滤镜中的"协调"功能，可以协调两个图层的颜色与亮度，以形成完美的复合，具体操作步骤如下。

扫码看视频

01 在"图层"面板中，单击"图层 1"图层缩览图前面的"切换图层可见性"图标 □，待图标变为 ◉ 样式后，即可显示"图层 1"图层，如图 5-23 所示。

02 显示"图层 1"图层后，在图像编辑窗口中可以预览图像效果，如图 5-24 所示。

图 5-23　显示"图层 1"图层

图 5-24　预览图像效果

03 单击"滤镜"| Neural Filters 命令，展开 Neural Filters 面板，在"所有筛选器"列表框中开启"协调"功能，如图 5-25 所示。

04 单击"选择图层"右侧的下拉按钮，在弹出的列表框中选择"背景"选项，如图 5-26 所示。

图 5-25　开启"协调"功能

图 5-26　选择"背景"选项

**05** 以"背景"图层为参考图像，在下方拖曳滑块至相应位置，设置两个图层的颜色与亮度，如图 5-27 所示。

**06** 设置完成，单击"确定"按钮，返回 Photoshop 工作界面，按【Ctrl+D】组合键取消选区，预览图像效果，如图 5-28 所示。

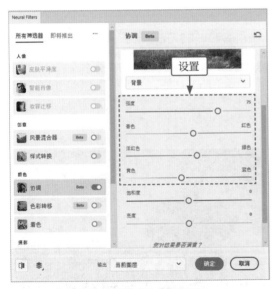

图 5-27　拖曳滑块至相应位置

图 5-28　预览图像效果

## 5.2.3　对图像进行无损超级缩放

扫码看视频

借助 Neural Filters 滤镜的"超级缩放"功能，可以放大并裁切图像，然后添加细节以补偿损失的分辨率，从而达到无损放大图像的效果，具体操作方法如下。

**01** 按【Ctrl+Shift+Alt+E】组合键，盖印图层，得到"图层 2"图层，单击"滤镜"| Neural Filters 命令，展开

Neural Filters 面板，在左侧的"所有筛选器"列表框中开启"超级缩放"功能，如图 5-29 所示。

**02** 在右侧的预览图下方单击放大按钮 ⊕，即可将图像放大至原图的两倍，如图 5-30 所示。

图 5-29 开启"超级缩放"功能

图 5-30 将图像放大

**03** 在右侧的"超级缩放"面板中，设置"降噪"为 12、"锐化"为 12，对放大的图像细节进行适当修复处理，如图 5-31 所示。

**04** 单击"确定"按钮，Photoshop 会生成一个新的大图，效果如图 5-32 所示，从左下角的状态栏中可以看到图像的尺寸和分辨率都变大了。

图 5-31 修复处理图像

图 5-32 生成一个新的大图

**专家提醒**

在右侧的"超级缩放"面板中，如果在最下方设置"输出"为"新图层"，则 PS 只会放大并裁剪当前图像，而不会显示图像的全景。

# 5.2.4　将效果导出为JPG图像

　　在 Photoshop 中处理好图像后，接下来可以将效果文件导出为 JPEG 格式的图像，方便用户上传到其他媒体平台中，与网友分享自己的摄影作品，具体操作步骤如下。

扫码看视频

**01**　在菜单栏中，单击"文件"|"导出"|"导出为"命令，如图 5-33 所示。

**02**　弹出"导出为"对话框，在右侧的"文件设置"选项区中，单击"格式"右侧的下拉按钮，在弹出的下拉列表中选择 JPG 选项，如图 5-34 所示。

图 5-33　单击"导出为"命令

图 5-34　设置文件格式

---

💡 **专家提醒**

　　在 Photoshop 中，按【 Alt+Shift+Ctrl+W 】组合键，也可以快速弹出"导出为"对话框，对图像文件进行导出操作。在右侧的"文件设置"选项区中，提供了 3 种可以导出的文件格式，即 PNG、JPG、GIF，用户可根据需要进行选择。

---

**03**　在下方的"色彩空间"选项区中，选中"转换为 sRGB"复选框，如图 5-35 所示。sRGB 是一种专业的色彩模式，也是一种通用的色彩标准，可以使导出的图像色彩显示更加准确，不会产生太大的色彩偏差。

**04**　单击"导出"按钮，弹出"另存为"对话框，设置文件的导出名称，如图 5-36 所示。单击"保存"按钮，即可将图像导出为 JPG 格式。

图 5-35　选中"转换为 sRGB"复选框

图 5-36　设置文件的导出名称

# 5.3 案例实战：植物花卉处理

【效果对比】本实例介绍处理植物花卉照片的方法，主要包括对花卉进行抠图处理、对图像进行重新着色处理、使用色彩转移重新调整色相、使用深度模糊处理花卉背景、移除 JPEG 伪影并调整花朵色彩等内容。原图与效果对比，如图 5-37 所示。

图 5-37　原图与效果对比

## 5.3.1　对花卉进行抠图处理

本实例我们需要调整绿叶的色彩，但是不能改变花朵的色彩。因此，在处理花卉照片之前，需要先将橘色的花朵抠出来，具体操作步骤如下。

**01**　单击"文件"|"打开"命令，打开一幅素材图像，如图 5-38 所示。

**02**　在工具箱中，选取"快速选择工具" ，如图 5-39 所示。

扫码看视频

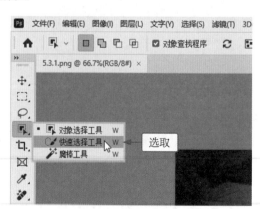

图 5-38　打开素材图像　　　　　　　图 5-39　选取快速选择工具

**专家提醒**

磁性套索工具 用于快速选择与背景对比强烈并且边缘复杂的对象。它可以沿着图像的边缘生成选区，快速将花朵抠选出来。

**03** 将鼠标指针移至图像编辑窗口中花朵的位置，按住鼠标左键并拖曳，即可为花朵图像创建选区，如图 5-40 所示。

**04** 在"图层"面板中，按【Ctrl+J】组合键，复制选区内的图像，得到"图层 1"图层，如图 5-41 所示。

图 5-40　为花朵图像创建选区

图 5-41　复制得到"图层 1"图层

## 5.3.2　对图像进行重新着色处理

如果用户对绿叶的色彩不满意，可以借助 Neural Filters 滤镜的"着色"功能，自动为绿叶重新上色。注意，目前该功能的上色精度不够高，用户应尽量选择简单的图像进行处理。下面介绍运用"着色"功能为绿叶自动上色的操作方法。

扫码看视频

**01** 在"图层"面板中，选择"背景"图层，如图 5-42 所示。

**02** 单击"滤镜"| Neural Filters 命令，展开 Neural Filters 面板，在左侧的"所有筛选器"列表框中开启"着色"功能，如图 5-43 所示。

**03** 执行操作后，即可自动为绿叶图像上色，效果如图 5-44 所示。

**04** 在右侧的"调整"选项区中，设置"青色 / 红色"为 25、"洋红色 / 绿色"为 12、"黄色 / 蓝色"为 –11，对绿叶的色彩进行微调，如图 5-45 所示。

**05** 此时，在左侧的图像编辑窗口中可以预览微调后的图像色彩，效果如图 5-46 所示。

图 5-42　选择"背景"图层

图 5-43 开启"着色"功能

图 5-44 自动为绿叶图像上色

图 5-45 对绿叶的色彩进行微调

图 5-46 预览微调后的图像色彩

## 5.3.3 使用色彩转移重新调整色相

如果用户对重新着色的效果不满意，可以借助 Neural Filters 滤镜的"色彩转移"功能，创造性地将色调风格从一张图片转移到另一张图片上，具体操作方法如下。

扫码看视频

**01** 在面板中关闭"着色"功能，开启"色彩转移"功能，如图 5-47 所示。

**02** 在右侧单击"自定义"标签，切换至"自定义"面板，在"选择图像"列表框中选择"从计算机中选择图像"选项，如图 5-48 所示。

**03** 在弹出的"打开"对话框中，选择相应的素材图像，如图 5-49 所示。

**04** 单击"使用此图像"按钮，即可上传参考图像，如图 5-50 所示，并将参考图像中的色调风格应用到原素材图像中。

图 5-47 开启"色彩转移"功能

图 5-48 选择"从计算机中选择图像"选项

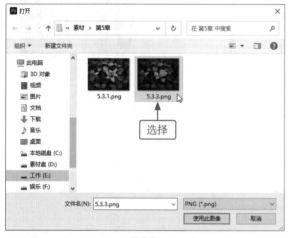

图 5-49 选择素材图像

图 5-50 上传参考图像

**05** 单击"确定"按钮，即可实现图片色彩的转移，将绿叶处理成深蓝色的色调，效果如图 5-51 所示。

图 5-51 将绿叶处理成深蓝色的色调

## 5.3.4　使用深度模糊处理花卉背景

如果用户觉得画面的景深效果不太好，可以借助 Neural Filters 滤镜的"深度模糊"功能，在图像中创建环境深度以模糊前景或背景对象，从而实现画面景深的调整，具体操作方法如下。

扫码看视频

**01**　单击"滤镜"| Neural Filters 命令，展开 Neural Filters 面板，在左侧的"所有筛选器"列表框中开启"深度模糊"功能，如图 5-52 所示。

**02**　在右侧的"焦点"选项区中，在花朵上单击鼠标左键，确定焦点位置，设置"焦距"为85、"模糊强度"为6，重新调整画面的景深效果，如图 5-53 所示。

图 5-52　开启"深度模糊"功能

图 5-53　调整景深效果

**03**　单击"确定"按钮，即可虚化画面背景，效果如图 5-54 所示。

图 5-54　虚化画面背景

## 5.3.5　移除JPEG伪影并调整花朵色彩

处理好的图像，我们还需要移除图像中的 JPEG 伪影，提高图像的质量，具体操作步骤如下。

扫码看视频

**专家提醒**

　　JPEG 伪影通常表现为图像中出现的块状或马赛克状的模糊区域，尤其在图像中细节丰富的区域，这是由于 JPEG 压缩将图像分成小的 8×8 像素块，并对每个块进行压缩，从而导致细节信息的丢失和图像质量的下降。在图像后期处理中，移除 JPEG 伪影是指尝试消除由 JPEG 压缩引起的图像中出现的伪影或压缩痕迹。

**01** 单击"滤镜" | Neural Filters 命令，展开 Neural Filters 面板，在左侧的"所有筛选器"列表框中开启"移除 JPEG 伪影"功能，如图 5-55 所示。

**02** 在右侧的"强度"下拉列表中，有"低""中""高" 3 个选项可供用户选择，这里选择"高"选项，如图 5-56 所示。

图 5-55　开启"移除 JPEG 伪影"功能

图 5-56　选择"高"选项

**03** 设置完成，单击"确定"按钮，即可移除 JPEG 伪影，效果如图 5-57 所示。

**04** 在"图层"面板中，选择"图层 1"图层，单击"滤镜" | Neural Filters 命令，展开 Neural Filters 面板，在左侧的"所有筛选器"列表框中开启"着色"功能，在右侧取消选中"自动调整图像颜色"复选框，然后设置"青色 / 红色"为 30、"洋红色 / 绿色"为 –2、"黄色 / 蓝色"为 40，将花朵的色彩调整得更加鲜艳，单击"确定"按钮，预览图像最终效果，如图 5-58 所示。

图 5-57　移除 JPEG 伪影

图 5-58　最终效果

# 第6章
## 专业修图: 用 ACR 工具处理图像

Camera Raw 是由 Adobe 公司开发的一款图像处理软件, 它是 Adobe Photoshop 软件的插件, 用于处理照片的原始图像数据, 还具有一些 AI 图像处理功能。本章以翠绿草原、人像美颜及星空照片 3 个实例, 讲解运用 Camera Raw 工具进行专业修图的操作方法。

# 6.1　案例实战：翠绿草原处理

【效果对比】本实例主要介绍处理翠绿草原图像的方法，包括调整图像的基本色彩、用曲线调整图像明暗对比、进行降噪并用 AI 减少杂色、调整照片色彩并添加晕影等内容。原图与效果对比，如图 6-1 所示。

图 6-1　原图与效果对比

## 6.1.1　调整图像的基本色彩

在 Camera Raw 的"编辑"面板中，使用"基本"选项区中的各种色调控件，可以调整图像的整体色调等级。在进行操作时，用户必须注意直方图的端点，或者开启阴影和高光修剪警告。下面介绍运用"基本"功能调整图像色调的操作方法。

扫码看视频

**01**　在 Photoshop 工作界面中，单击"文件"|"打开"命令，在 Camera Raw 对话框中打开一幅素材图像，如图 6-2 所示。

图 6-2　打开素材图像

**02** 展开"基本"选项区，设置"色温"为5950、"色调"为8、"曝光"为0.7、"对比度"为64、"高光"为-100、"阴影"为57、"白色"为-100、"黑色"为36，调整图像的色温与色调，提高曝光、对比度和阴影，降低高光和白色，显示天空的细节，如图6-3所示。

**03** 在"基本"选项区中，继续设置"纹理"为12、"清晰度"为15、"去除薄雾"为22，增强画面的清晰度并降低朦胧感，效果如图6-4所示。

**04** 在"基本"选项区中，继续设置"自然饱和度"为26、"饱和度"为7，增强画面整体的色彩饱和度，效果如图6-5所示。

> 💡 **专家提醒**
>
> 　Camera Raw 中的"对比度"选项用于增加或降低图像对比度，主要影响中间调。增加对比度时，中间调到暗色调的图像区域会变得更暗，而中间调到亮色调的图像区域会变得更亮；降低对比度时，对图像色调产生的影响与之相反。
>
> 　不同的明暗对比，其反映的风格不同。高对比度的画面，高光部位与阴影处的亮度差异大，从明到暗的层次变化明显，画面给人的感觉会较硬；反之，低对比度的画面层次变化不明显，画面效果较柔和。

图 6-3　调整图像的基本色调

图 6-4　增强画面的清晰度并降低朦胧感

图 6-5　增强画面整体的色彩饱和度

扫码看视频

## 6.1.2　用曲线调整图像明暗对比

在后期处理中，使用 Camera Raw 的"曲线"功能，可以调整画面的高光、亮调、暗调、阴影等影调部分，让画面的表现力更强。下面介绍运用"曲线"功能控制图像影调的方法。

**01** 展开"曲线"选项区，单击"单击以编辑点曲线"按钮 ⊙，在曲线上添加第 1 个控制点，设置"输入"为 162、"输出"为 181，适当提亮画面，效果如图 6-6 所示。

**02** 在曲线上添加第 2 个控制点，设置"输入"为 96、"输出"为 94，增强画面的对比度，效果如图 6-7 所示。

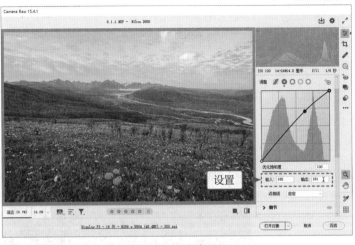

图 6-6　适当提亮画面

图 6-7　增强画面的对比度

**03** 单击"单击以编辑参数曲线"按钮 ✐，设置"亮调"为 -18、"阴影"为 -9，适当降低画面的亮调和阴影，效果如图 6-8 所示。

图 6-8　降低画面的亮调和阴影

# 6.1.3 进行降噪并用AI减少杂色

画面是否清晰是评价一张照片画质高低的重要标准。在本节中，利用 Camera Raw 中的"锐化"功能对模糊的照片进行锐化处理，从而获取清晰的照片效果，然后运用"减少杂色"功能实现 AI 降噪处理，具体操作步骤如下。

扫码看视频

**01** 展开"细节"选项区，设置"锐化"为 67，提升画面清晰度，效果如图 6-9 所示。

图 6-9 提升画面清晰度

**专家提醒**

在图 6-9 中，单击"锐化"右侧的倒三角按钮◀，可展开选项。其中，"锐化"选项用于设置图像边缘的清晰度；"半径"选项用于设置图像的细节大小；"细节"选项用于设置在图像中锐化的高频信息和锐化过程强调边缘的程度；"蒙版"选项用于控制图像边缘的蒙版，当数值为 100 时，锐化主要限制在饱和度最高的图像边缘附近。

在观察锐化效果时，一般要把图像放大到 100%，这样才能更准确地看到锐化给画面带来的影响。

**02** 单击"去杂色"按钮，弹出"增强"对话框，设置"数量"为 64，下方显示了降噪处理的估计时间，单击"增强"按钮，如图 6-10 所示。

图 6-10 单击"增强"按钮

**03** 执行操作后，系统会自动进行降噪处理，稍等片刻，面板中出现"此照片已应用去杂色"的提示，完成降噪处理，如图 6-11 所示。

图 6-11　完成降噪处理

**专家提醒**

　　Camera Raw 中的 AI 降噪功能是指使用 AI 技术减少照片中的噪点，该功能可以自动分析照片中的噪点信息，并根据预览结果手动设定降噪数值。处理时间会根据电脑硬件和照片精度调整。

　　在使用 AI 降噪功能时需要适度，避免过度降噪导致图像细节丢失。

# 6.1.4　调整照片色彩并添加晕影

　　使用"基本"功能和"曲线"功能可以控制照片的整体影调与色彩，但是如果用户需要单独调整某一颜色区域的亮度与饱和度，则可以使用"混色器"功能来实现。下面介绍运用"混色器"功能调整图像色彩并添加晕影的操作方法。

扫码看视频

**01** 展开"混色器"选项区，设置"调整"为 HSL，切换至"饱和度"选项卡，设置"橙色"为 32、"绿色"为 -17、"蓝色"为 -35，增强照片中朝霞、草地与天空色彩的饱和度，效果如图 6-12 所示。

**02** 切换至"明亮度"选项卡，设置"橙色"为 -15、"绿色"为 24、"蓝色"为 -43、"紫色"为 22，降低朝霞和天空的亮度，提高草地与花朵的亮度，使画面色彩更加鲜艳、亮丽，效果如图 6-13 所示。

**03** 展开"光学"选项区，在"配置文件"选项卡中，选中"删除色差"和"使用配置文件校正"复选框，如图 6-14 所示。

图 6-12 增强照片中朝霞、草地与天空色彩的饱和度

图 6-13 提高照片中草地与花朵的亮度

图 6-14 选中两个复选框

**04** 展开"效果"选项区，设置"晕影"为 -27，添加黑色的暗角效果，如图 6-15 所示。

图 6-15 添加黑色的暗角效果

**05** 完成 Camera Raw 的处理后，单击"打开对象"按钮，即可在 Photoshop 中打开调整好的图像，效果如图 6-16 所示。

图 6-16 最终效果

# 6.2 案例实战：人像美颜处理

【效果对比】本实例介绍人像美颜处理的方法，主要包括去除人物的红眼、更改照片色彩风格、处理人物的皮肤、处理人物的红唇、处理人物的头发、处理人物的衣服等内容。原图与效果对比，如图 6-17 所示。

图 6-17  原图与效果对比

# 6.2.1  去除人物的红眼

如果拍摄的人物照片出现了红眼的现象，可以使用 Camera Raw 中的"红眼"功能去除人物的红眼，具体操作步骤如下。

扫码看视频

01  单击"文件"|"打开"命令，打开一幅素材图像，如图 6-18 所示。

02  选取工具箱中的"缩放工具" 🔍，在图像上按住鼠标左键并拖曳，放大图像的红眼区域，仔细查看人物的面部细节，如图 6-19 所示。

图 6-18  打开素材图像

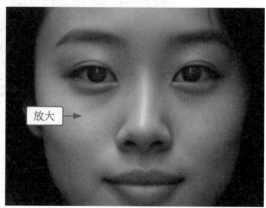

放大

图 6-19  查看人物的面部细节

03  在菜单栏中，单击"滤镜"|"Camera Raw 滤镜"命令，打开 Camera Raw 窗口，在右侧面板中单击"红眼"按钮 👁，如图 6-20 所示。

04  弹出"红眼"面板，在图像中按住鼠标左键并拖曳，框选人物的两只眼睛，释放鼠标左键，此时 ACR 自动识别人物的红眼并恢复正常的色彩，如图 6-21 所示。

图 6-20 单击"红眼"按钮

图 6-21 ACR 自动识别人物的红眼并恢复正常的色彩

**05** 操作完成，单击"确定"按钮，返回 Photoshop 工作界面，查看去除红眼后的人物面部效果，如图 6-22 所示。

图 6-22 查看去除红眼后的人物面部效果

# 6.2.2 更改照片色彩风格

在 Camera Raw 的"基本"选项区中，通过更改"色温"与"色调"参数，可以改变照片的色彩风格，具体操作步骤如下。

扫码看视频

**01** 单击"滤镜"|"Camera Raw 滤镜"命令，打开 Camera Raw 窗口，展开"基本"选项区，设置"色温"为 -29、"色调"为 2，将照片调节为冷色调风格，效果如图 6-23 所示。

图 6-23 将照片调节为冷色调风格

**02** 在"基本"选项区中，继续设置"曝光"为 0.15、"对比度"为 8、"高光"为 -5、"阴影"为 6、"白色"为 24，提高照片的曝光和对比度，效果如图 6-24 所示。

图 6-24 提高照片的曝光和对比度

**专家提醒**

在右侧的"编辑"面板中，相关按钮含义如下。

- "自动"按钮：单击该按钮，可以自动调整照片的色彩与色调。

- "黑白"按钮：单击该按钮，可以快速对照片进行去色处理，调整为黑白照片效果。

**03** 在"基本"选项区中，继续设置"自然饱和度"为 28，增强画面的整体色彩饱和度，效果如图 6-25 所示。

图 6-25　增强画面的整体色彩饱和度

## 6.2.3　处理人物的皮肤

　　如果在拍摄时光线不足，会导致拍摄出来的照片中人像的皮肤出现过黑的现象，此时可以单独调整人物脸部与身体的肤色，将皮肤调白、调亮，使人物更加好看。下面介绍处理人物皮肤的方法，具体操作步骤如下。

扫码看视频

**01** 在右侧面板中单击"蒙版"按钮，打开相应面板，在"人物"下方单击"人物 1"缩略图，如图 6-26 所示。

图 6-26　单击"人物 1"缩略图

**02** 进入"人物蒙版选项"面板，在下方选中"面部皮肤"和"身体皮肤"两个复选框，单击"创建"按钮，如图 6-27 所示。

**03** 进入相应面板，取消选中"显示叠加"复选框，在"亮"选项区中设置"曝光"为 0.1，提亮肤色；设置"对比度"为 4，增强画面对比度，使人物轮廓更具立体感；设置"高光"为 -10，降低皮肤的高光；设置"阴影"为 36，增强阴影细节，如图 6-28 所示。

图 6-27　单击"创建"按钮

图 6-28　在"亮"选项区中设置各项参数

**04** 展开"效果"选项区，设置"清晰度"为 -13，使人物面部产生朦胧感，达到一键磨皮的效果，使皮肤看上去更加光滑，如图 6-29 所示。

图 6-29　使人物皮肤更加光滑

# 6.2.4　处理人物的红唇

扫码看视频

如果照片中人物的嘴唇颜色不够红润，可以通过以下方法进行调整。

**01**　单击"创建新蒙版"按钮，弹出列表框，选择"选择人物"选项，如图 6-30 所示。

图 6-30　选择"选择人物"选项

**02**　在下方选中"唇"复选框，单击"创建"按钮，如图 6-31 所示。

图 6-31　单击"创建"按钮

**03**　进入相应面板，在下方取消选中"显示叠加"复选框，设置"色温"为 7、"色调"为 -9、"饱和度"为
100，增强嘴唇的红润度，完成人物唇部的调整，如图 6-32 所示。

**专家提醒**

　　在人物摄影中，嘴唇的颜色通常也是观众的视觉焦点之一，嘴唇的颜色可以传达丰富的情感和情绪，因为嘴唇
是面部的明亮区域，而且常常与嘴部的形状和表情相关，所以会吸引人们的目光。嘴唇可以影响人物形象的表达，
因此在人像照片中，嘴唇要尽量显得红润有光泽，这样人物整体的气色才更好看。

图 6-32 增强嘴唇的红润度

## 6.2.5　处理人物的头发

头发可以展现一个人的精神面貌，如果照片中人物头发的颜色不好看，可以通过以下方法进行调整。

扫码看视频

**01**　在右侧面板中单击"创建新蒙版"按钮，在弹出的列表框中选择"选择人物"选项，如图 6-33 所示。

图 6-33 选择"选择人物"选项

**02**　进入"人物蒙版选项"面板，在下方选中"头发"复选框，单击"创建"按钮，如图 6-34 所示。

**03**　进入相应面板，在下方取消选中"显示叠加"复选框，设置"色温"为 28、"色调"为 85、"色相"为 56、"饱和度"为 -17，改变头发的色彩，使人物看上去更加有魅力，如图 6-35 所示。

图 6-34 单击"创建"按钮

图 6-35 改变头发的色彩

## 6.2.6 处理人物的衣服

在 Camera Raw 中，可以改变照片中人物衣服的色彩，使人物显得更加精致，具体操作步骤如下。

扫码看视频

01 在右侧面板中单击"创建新蒙版"按钮，在弹出的列表框中选择"选择人物"选项，如图 6-36 所示。

02 进入"人物蒙版选项"面板，在下方选中"衣服"复选框，单击"创建"按钮，如图 6-37 所示。

03 进入相应面板，取消选中"显示叠加"复选框，在"亮"选项区中设置"曝光"为 0.1，提高衣服的亮度；设置"对比度"为 9，增强衣服的对比度，使人物的衣服更具立体感；设置"高光"为 -17，降低衣服的高光，如图 6-38 所示。

图 6-36 选择"选择人物"选项

图 6-37 单击"创建"按钮

图 6-38 在"亮"选项区中设置参数

**04**　展开"颜色"选项区，设置"色调"为 33、"色相"为 –16、"饱和度"为 18，调整衣服的色彩与饱和度，如图 6-39 所示。

图 6-39　调整衣服的色彩与饱和度

**05**　此时，衣服领子上还有一块染了头发的颜色，需要进行调整，在右侧面板中选择"人物 1- 头发"选项，在下方单击"减去"按钮，在弹出的列表框中选择"画笔"选项，在衣服领子处进行多次涂抹，将头发的颜色去除，效果如图 6-40 所示。

图 6-40　将衣服领子处头发的颜色去除

**06**　完成人物服装的调整，单击"确定"按钮，返回 Photoshop 工作界面，查看处理后的人像美颜效果，如图 6-41 所示。

**专家提醒**

　　在 Camera Raw 中，除了可以调整人物的红眼、皮肤、嘴唇及头发，还可以针对人物的眼睛巩膜、虹膜、瞳孔，以及眉毛进行细节调整。

图 6-41　查看处理后的人像美颜效果

# 6.3　案例实战：星空照片处理

【效果对比】本实例介绍处理星空照片的方法，主要包括调整星空照片的整体色彩、增强星空色彩并进行锐化、校准星空照片的色彩色调、用镜像滤镜加强银河的光影等内容。原图与效果对比，如图 6-42 所示。

图 6-42　原图与效果对比

# 6.3.1　调整星空照片的整体色彩

星空摄影只能在夜晚拍摄，而且还要天气晴朗没有月光的干扰，夜深人静之时正是拍摄星空的最佳时间。当我们拍摄了星空照片后，需要先调整照片的整体色彩，具体操作步骤如下。

扫码看视频

01　单击"文件"|"打开"命令，打开一幅素材图像，单击"滤镜"|"Camera Raw 滤镜"命令，打开 Camera Raw 窗口，如图 6-43 所示。

图 6-43　打开 Camera Raw 窗口

02　展开"基本"选项区，设置"曝光"为 1.8、"对比度"为 31、"高光"为 -13、"阴影"为 40、"白色"为 18、"黑色"为 11，提高曝光、对比度和阴影等，降低高光，显示星空银河的细节，如图 6-44 所示。

图 6-44　显示星空银河的细节

03　在"基本"选项区中，继续设置"自然饱和度"为 30、"饱和度"为 -2，增强星空银河的饱和度，使色彩更加鲜艳，效果如图 6-45 所示。

图 6-45 增强星空银河的饱和度

专家提醒

拍摄星空照片时，天空中不能有月亮，因为如果月亮很大、光线很强，那么星星就无法显现，更看不到银河。

**04** 在"基本"选项区中，继续设置"色温"为 −13、"色调"为 −29，将夜空中的银河调为冷蓝色调，效果如图6-46 所示。

图 6-46 将夜空中的银河调为冷蓝色调

## 6.3.2 增强星空色彩并进行锐化

下面介绍增强星空的色彩并对画面进行锐化的方法，具体操作步骤如下。

**01** 展开"曲线"选项区，设置各参数，增强星空的色彩，如图 6-47 所示。

**02** 展开"细节"选项区，设置各参数，进行锐化处理并减少杂色，如图 6-48 所示。

扫码看视频

图 6-47　增强星空的色彩

图 6-48　进行锐化处理并减少杂色

**03** 展开"基本"选项区，设置"清晰度"与"去除薄雾"参数，使星空银河更加清晰，如图 6-49 所示。

图 6-49　使星空银河更加清晰

### 6.3.3　校准星空照片的色彩色调

在处理星空照片时，可以针对照片中的红原色、绿原色及蓝原色进行单独调整，校正照片的色彩色调，具体操作步骤如下。

扫码看视频

**01** 展开"校准"选项区，在"红原色"选项区中设置"饱和度"为 –30，降低天空中红色的饱和度，如图 6-50 所示。

图 6-50　降低天空中红色的饱和度

**02** 在"绿原色"和"蓝原色"选项区中设置各参数，对画面中的绿色和蓝色进行校准，如图 6-51 所示。

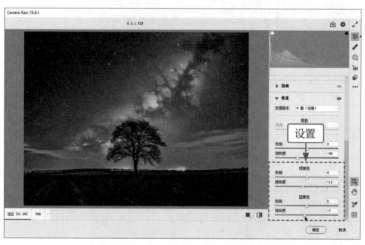

图 6-51　对画面中的绿色和蓝色进行校准

### 6.3.4　用镜像滤镜加强银河的光影

扫码看视频

在 Camera Raw 中，通过"径向渐变"滤镜可以加强画面中银河的光影和色彩，将四周调暗，具体操作步骤如下。

**01** 在右侧面板中单击"蒙版"按钮 ⬡，打开相应面板，选择"径向渐变"选项，如图 6-52 所示。

图 6-52　选择"径向渐变"选项

**02**　在左侧的图像上，按住鼠标左键并拖曳，绘制一个椭圆图形，如图 6-53 所示。

图 6-53　绘制椭圆图形

**03**　单击"径向渐变 1"右侧的 按钮，在弹出的下拉列表中选择"反相"选项，如图 6-54 所示。

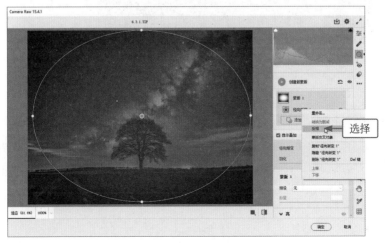

图 6-54　选择"反相"选项

**04** 执行操作后，即可反相径向渐变滤镜的效果，所设置的参数只对照片四周的区域产生影响，如图 6-55 所示。

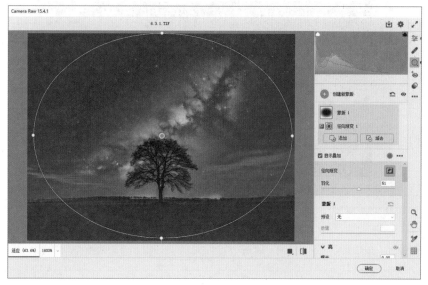

图 6-55 反相径向渐变滤镜的效果

**05** 展开"亮"选项区，在其中设置"曝光"为 -1.00，降低照片四周的亮度，将观众的视线聚焦到中间的银河上，如图 6-56 所示。

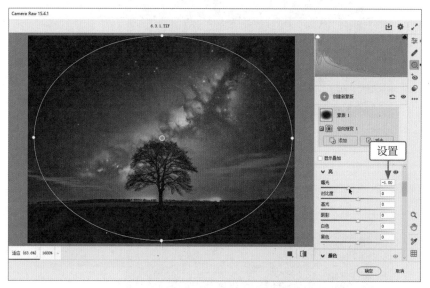

图 6-56 降低照片四周的亮度

**06** 展开"基本"选项区，调整"曝光""高光"及"白色"等参数，重新调整画面的整体色彩，如图 6-57 所示。

**07** 照片处理完成，单击"确定"按钮，返回 Photoshop 工作界面，查看处理后的星空照片效果，如图 6-58 所示。

图 6-57　重新调整画面的整体色彩

图 6-58　最终效果

**专家提醒**

用户可以通过 Camera Raw 中的"蒙版"面板使用各种 AI 功能，如"选择主体"和"选择天空"等，这些功能可帮助用户自动选择照片中的主体对象或天空区域，以便用户可以快速调整该部分。

在"蒙版"面板中，选择相应的蒙版后，单击"添加"按钮，可以进一步添加蒙版的范围；单击"减去"按钮，可以减去以擦除自动选取的区域。对蒙版的范围感到满意后，可使用右侧的编辑滑块进行局部调整。

Firefly 绘画提高篇

# 第 7 章
## 玩转绘画：用关键词快速生成图像

Adobe Firefly(简称 Firefly)是一个基于生成式 AI 技术的图像创作工具，用户可以通过文字快速生成风格多样的图像效果。本章以卡通头像、产品广告及儿童插画 3 个实例，讲解 Firefly 文生图的相关技巧，帮助大家"用文字画出自己的想象力"。

# 7.1 案例实战：生成卡通头像

**【效果欣赏】** 可爱的卡通头像适用于许多场景，特别是与年轻人、儿童和互联网文化相关的领域。本实例主要介绍用关键词生成卡通头像、设置头像为图形模式、用数字艺术风格处理图片、放大预览图片并下载保存等内容。卡通头像效果，如图 7-1 所示。

图 7-1　卡通头像效果

## 7.1.1 用关键词生成卡通头像

使用 Firefly 中的"文字生成图像"功能，可以通过输入关键词来生成图像，Firefly 通过对大量数据进行学习和处理，能够自动生成具有艺术特色的图像。下面介绍使用 Firefly 中的"文字生成图像"功能生成可爱的卡通头像的操作方法。

扫码看视频

**01** 进入 Adobe Firefly(Beta) 主页，在"文字生成图像"选项区中单击"生成"按钮，如图 7-2 所示。

图 7-2　单击"生成"按钮

**02** 执行操作后，进入"文字生成图像"界面，输入关键词"一个可爱的头像，小女孩，甜美的笑容，大眼睛"，单击"生成"按钮，如图 7-3 所示。

**专家提醒**

在 AI 绘图中，生成卡通头像的关键词有：可爱 (cute)、卡通风格 (cartoon style)、大眼睛 (big eyes)、粉嫩色调 (pastel colors)、动物元素 (animal elements)、笑容 (smile)、俏皮 (playful)、娃娃脸 (doll-like face) 等。

图 7-3  输入关键词并生成图片

**03** 执行操作后，Firefly 将根据关键词自动生成 4 张可爱的头像，如图 7-4 所示。需要注意的是，即使是相同的关键词，Firefly 每次生成的图片效果也不一样。

图 7-4  生成 4 张头像

**04** 在"宽高比"下拉列表中，默认图片为正方形比例 (1:1)，效果如图 7-5 所示。

图 7-5  图片默认为正方形比例

**专家提醒**

　　关键词也称为关键字、描述词、输入词、提示词、代码等。在 Firefly 中输入关键词时，中文或者英文都可以，Firefly 现在对中文的识别率比较高了，出图效果和品质也不错。

## 7.1.2　设置头像为图形模式

　　在 Firefly 中，图形模式是一种强调几何形状、线条和图案的风格，追求简洁、抽象和艺术性，强调构图和视觉效果。下面介绍设置头像为图形模式的操作方法。

扫码看视频

**01**　在界面右侧的"内容类型"选项区中，单击"图形"按钮，如图 7-6 所示。

图 7-6　单击"图形"按钮

**02**　执行操作后，即可以图形模式显示图片效果，突出了图像中的形状和线条，营造出饱满、生动的视觉效果，如图 7-7 所示。

图 7-7　以图形模式显示图片效果

## 7.1.3　用数字艺术风格处理图片

数字艺术风格是一种将数字技术与艺术创作相结合的风格，可以使生成的卡通头像更具艺术感。下面介绍用数字艺术风格处理图片的操作方法。

**01** 在"风格"选项区的"热门"选项卡中，选择"数字艺术"风格，单击下方的"生成"按钮，如图 7-8 所示。

图 7-8　单击"生成"按钮

💡 **专家提醒**

在"热门"选项卡中，还包括"合成波""调色板刀""分层纸"等多种热门风格。

**02** 执行操作后，即可重新生成"数字艺术"风格的图片效果，如图 7-9 所示。

图 7-9　重新生成图片效果

# 7.1.4 放大预览图片并下载保存

当我们生成了满意的卡通头像后，就可以放大预览头像效果，并对图片进行下载保存到计算机中，具体操作步骤如下。

扫码看视频

**01** 单击第 1 排第 2 张图片，即可预览大图效果，在图片右上角单击"下载"按钮 ↧，如图 7-10 所示。

图 7-10 单击"下载"按钮

**02** 执行操作后，即可开始下载图片，如图 7-11 所示。

图 7-11 开始下载图片

**03** 待图片下载完成，在文件夹中即可查看下载的文件效果，如图 7-12 所示。

**04** 在文件上双击鼠标左键，放大预览 Firefly 生成的卡通头像效果，如图 7-13 所示。

图 7-12　查看下载的文件效果

图 7-13　最终效果

# 7.2　案例实战：生成产品广告

【效果欣赏】广告图片在企业和产品的营销和宣传中起着关键作用，能够吸引观众的注意力并引起他们的兴趣。本实例主要介绍用关键词生成产品图片、调出图像的横向尺寸、设置图像为照片模式，以及应用艺术风格处理图片等内容。企业产品效果，如图 7-14 所示。

图 7-14　产品广告效果

## 7.2.1　用关键词生成产品图片

下面介绍使用关键词生成产品图片的方法，具体操作步骤如下。

01　进入 Adobe Firefly(Beta) 主页，在"文字生成图像"选项区中单击"生成"按钮，进入"文字生成图像"界面，输入关键词"一款粉红色的手提包，颜色鲜艳，正面拍摄，测光，广告背景，8k 高清图片"，单击"生成"按钮，如图 7-15 所示。

扫码看视频

图 7-15　输入关键词并生成图片

💡

**专家提醒**

在 AI 绘图中，生成产品广告图片的关键词有以下这些。

(1) 产品名称：高跟鞋、手提包、手链、项链、手表、书包、手机、相机等。

(2) 产品特点：高品质、创新设计、时尚、有质感等。

(3) 产品用途：户外运动、家庭生活、商业办公等。

(4) 目标受众：年轻人、家庭主妇、专业人士等。

(5) 配色和风格：明亮鲜艳、简约现代、温暖柔和等。

(6) 产品展示：正面、侧面、背面、尺寸、组合等。

**02** 执行操作后，Firefly 将根据关键词自动生成 4 张产品图片，如图 7-16 所示。

图 7-16　自动生成 4 张产品图片

## 7.2.2　调出图像的横向尺寸

在过去很长一段时间里，大多数显示设备，如电视、计算机等都采用 4:3 的比例，

扫码看视频

因此 4:3 也成为一种常见的标准比例。下面介绍将产品图片调整为 4:3 比例的操作方法。

**01** 在界面的右侧，单击"宽高比"右侧的下拉按钮 ，在弹出的下拉列表中选择"横向"选项，如图 7-17 所示。

图 7-17  选择"横向"选项

☀
**专家提醒**

图像的宽高比指的是图像的宽度和高度之间的比例关系，观众在阅览图像时，宽高比可以对其视觉感知和审美产生影响，不同的宽高比能够营造出不同的视觉效果和情感表达，大家可根据画面需要进行相应设置。

**02** 执行操作后，即可将图片调整为 4:3 的比例，效果如图 7-18 所示。

图 7-18  调整图片比例

☀
**专家提醒**

Firefly 预设了多种图像宽高比指令，如正方形 (1:1) 比例、横向 (4:3) 比例、纵向 (3:4) 比例、宽屏 (16:9) 比例等，用户生成相应的图片后，可以修改画面的纵横比。

尽管现代的显示设备越来越倾向于更宽屏的比例，如 16:9 或更宽的比例，但 4:3 仍然具有一定的应用领域和特殊的创作需求。

# 7.2.3 设置图像为照片模式

在 Firefly 中，照片模式可以模拟出真实的照片风格，就像摄影师拍摄出来的照片效果一样，画面逼真，清晰度高。下面介绍设置图像为照片模式的操作方法。

**01** 在界面右侧的"内容类型"选项区中，单击"照片"按钮，如图 7-19 所示。

图 7-19 单击"照片"按钮

---

💡 **专家提醒**

在"内容类型"选项区中，"无"表示图片没有明确的内容类型，不将图片归类到任何特定类型中。单击"无"按钮，Firefly 能够自由地生成图片，不受特定模式的限制，可以为用户提供更大的灵活性和自由度。

---

**02** 执行操作后，即可以照片模式显示产品广告图片，风格接近于真实拍摄的照片效果，如图 7-20 所示。

图 7-20 以照片模式显示产品广告图片

# 7.2.4 应用艺术风格处理图片

为图片应用"3D 艺术"和"产品照片"风格，可以使产品图片呈现出真实的拍摄效果，使照片更加吸引顾客的目光。下面介绍应用艺术风格处理图片的操作方法。

扫码看视频

**01** 在"风格"选项区的"主题"选项卡中，依次选择"3D 艺术"和"产品照片"风格，使生成的产品图片更加清晰地展示在观众眼前，单击"生成"按钮，如图 7-21 所示。

图 7-21 设置艺术风格生成图片

💡 专家提醒

Firefly 中内置了多种"主题"样式，如"概念艺术""像素艺术""3D 艺术""超现实主义""漫画""图章""矢量外观""低多边形"等，选择相应的图片类型可以制作出不同的主题效果。其中，"概念艺术"风格通常运用丰富的色彩和光影效果来增强画面的视觉效果，包括明亮鲜艳的色彩、对比强烈的光影，以及独特的光线效果和氛围，强调创意和想象力，常用于电影、游戏、动画等创作过程中。

**02** 执行操作后，即可重新生成手提包图片效果，如图 7-22 所示。

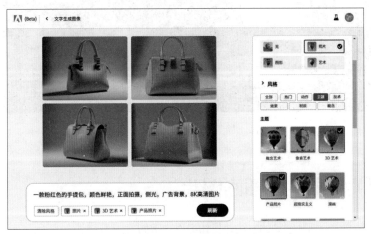

图 7-22 重新生成手提包图片效果

**03** 单击第 2 排第 1 张图片，即可放大预览产品大图效果，如图 7-23 所示。

图 7-23 放大预览产品大图效果

# 7.3 案例实战：生成儿童插画

【效果欣赏】儿童插画广泛应用于书籍、杂志、绘本等印刷品中，通过图像来讲述故事或传达信息。本实例主要介绍用关键词生成插画图片、调整图像的尺寸与类型、应用科幻风格处理图片、应用冷色调的色彩风格等内容。儿童插画效果，如图 7-24 所示。

图 7-24 儿童插画效果

## 7.3.1 用关键词生成插画图片

下面介绍用关键词生成插画图片的方法，具体操作步骤如下。

**01** 进入 Adobe Firefly(Beta) 主页，在"文字生成图像"选项区中单击"生成"按钮，进入"文

扫码看视频

字生成图像"界面，输入关键词"童话故事插画，魔法花园，魔法树上挂满了闪烁的星星，一只可爱的小白兔，翠绿的森林背景"，单击"生成"按钮，如图 7-25 所示。

图 7-25　输入关键词并生成图片

**02** 执行操作后，Firefly 将根据关键词自动生成 4 张插画图片，如图 7-26 所示。

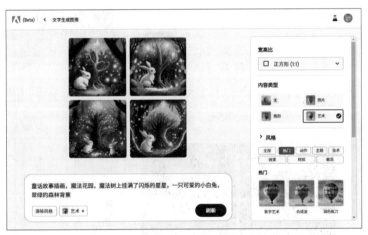

图 7-26　自动生成 4 张插画图片

---

**专家提醒**

在 AI 绘图中，生成插画图片的关键词有以下这些。

(1) 自然风景：森林、湖泊、山脉、日出、日落、河流、草原等。

(2) 奇幻世界：魔法森林、龙、精灵、城堡、魔法塔等。

(3) 科幻场景：外星风景、宇宙飞船、星系、未来城市、机器人等。

(4) 动物友谊：猫狗相处、动物园、森林中的动物、海洋生物等。

(5) 城市生活：街头艺术、咖啡馆、市中心景象、人群等。

(6) 历史场景：古代战争、文化名胜、历史人物等。

(7) 童话故事：灰姑娘、小红帽、长发公主、睡美人等。

## 7.3.2 调整图像的尺寸与类型

在本实例中，需要将插画图片调为 16:9 的宽屏尺寸，16:9 尺寸的插画具有较宽的
水平视野，适合展示广阔的景观、环境或宽广的场景，这种尺寸的插画可以为读者提供
更丰富的视觉体验。下面介绍调整图像的尺寸与类型的操作方法。

扫码看视频

**01** 在界面的右侧，单击"宽高比"右侧的下拉按钮 ✓，在弹出的下拉列表中选择"宽屏"
选项，即可将图片调为 16:9 的比例，效果如图 7-27 所示。

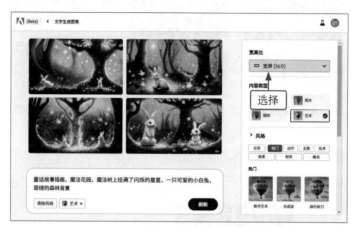

图 7-27　将图片调为 16:9 的比例

**02** 在"内容类型"选项区中，单击"图形"按钮，即可以图形模式显示儿童插画效果，如图 7-28 所示。

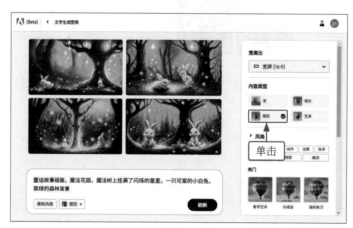

图 7-28　以图形模式显示儿童插画效果

## 7.3.3 应用科幻风格处理图片

科幻风格是一种以未来科技、外太空、虚构世界和奇幻元素为主题的图片风格，应
用了光线效果、火焰、能量场、镜像、合成等特效，使儿童插画显得夸张、引人注目和
与众不同。下面介绍使用科幻风格处理图片的操作方法。

扫码看视频

**01**　在"风格"选项区的"动作"选项卡中，选择"科幻"选项，单击"生成"按钮，如图 7-29 所示。

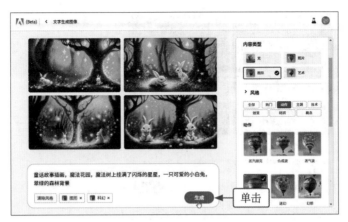

图 7-29　设置科幻风格并生成图片

**02**　执行操作后，即可应用科幻风格处理图片，放大预览科幻风格插画的效果，图片中营造了超自然的森林形象，增加了插画的科幻感，如图 7-30 所示。

图 7-30　增加了插画的科幻感

**专家提醒**

科幻风格能够产生奇幻的场景和构图效果，运用透视、对称、尺度变换等技巧，创造出宏大、神秘和超现实的图像。

## 7.3.4　应用冷色调的色彩风格

"冷色调"的风格是指照片中的色调偏向于冷色彩，如蓝色、绿色、紫色等，这种风格通常能够给图像带来一种冷静、神秘或冷峻的感觉。下面介绍使用"冷色调"处理儿童插画图片的操作方法。

扫码看视频

**01**　在右侧的"颜色和色调"下拉列表中，选择"冷色调"选项，单击"生成"按钮，即可生成冷色调风格的插画图片，效果如图 7-31 所示。

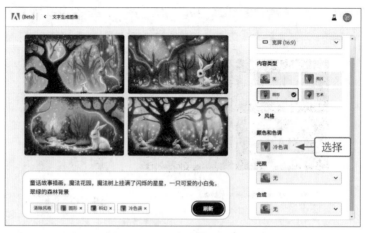

图 7-31　生成冷色调风格的插画图片

**02**　在"光照"下拉列表中，选择"戏剧灯光"选项，单击"生成"按钮，即可生成戏剧灯光风格的插画图片，效果如图 7-32 所示。

图 7-32　生成戏剧灯光风格的插画图片

**03**　单击第 2 排第 1 张图片，即可放大预览儿童插画大图效果，如图 7-33 所示。

图 7-33　放大预览儿童插画大图效果

春分

# 第 8 章

## 高手绘图：移除对象并重新绘制新图像

在 Firefly 中，"创意填充"的主要功能是使用画笔移除图像中不需要的对象，然后从文本描述中绘制新的对象到图像中。本章以室内效果图、汽车海报及沙漠风光 3 个实例，详细讲解在图像中移除对象并重新生成新图像的操作方法。

# 8.1 案例实战：绘制室内效果图

【效果欣赏】 室内效果图在房地产营销中用于展示未来房屋、公寓、写字楼等内部的布局和装饰。本实例主要介绍用关键词生成室内效果图、设置画笔大小与硬度属性、修复室内效果图中的瑕疵，以及在室内图像中绘制一只小狗等内容。室内效果图的样式，如图 8-1 所示。

图 8-1 室内效果图

## 8.1.1 用关键词生成室内效果图

下面介绍用关键词生成室内效果图的方法，具体操作步骤如下。

**01** 进入 Adobe Firefly(Beta) 主页，在"文字生成图像"选项区中单击"生成"按钮，进入"文字生成图像"界面，输入关键词"室内设计，客厅的透视图，带自然光的大窗户，浅色，植被，现代家具，天窗，现代极简主义设计"，单击"生成"按钮，如图 8-2 所示。

扫码看视频

图 8-2 输入关键词并生成图片

**02** 执行操作后，Firefly 将根据关键词自动生成 4 张室内效果图，如图 8-3 所示。

图 8-3 自动生成 4 张室内效果图

**03** 在界面右侧，设置"宽高比"为"宽屏"、"内容类型"为"照片"，重新生成 4 张室内效果图，如图 8-4 所示。

图 8-4 重新生成 4 张室内效果图

**04** 在"合成"下拉列表中，选择"广角"选项，单击"生成"按钮，Firefly 将重新生成 4 张广角的室内效果图，如图 8-5 所示。

图 8-5 重新生成 4 张广角的室内效果图

**05** 单击第 1 排第 1 张图片，即可放大预览室内效果图，在图片右上角单击"下载"按钮 ⬇️，即可下载图片，如图 8-6 所示。

图 8-6　预览并下载图片

**06** 通过 Firefly 生成的图片会自动添加水印，我们可以在 Photoshop 中使用"移除工具"🩹或者"创成式填充"功能，去除图片左下角的水印，并对画面的其他区域进行适当修复，效果如图 8-7 所示。

图 8-7　使用 Photoshop 修复处理图片

## 8.1.2　设置画笔大小与硬度属性

使用 Firefly 中的"创意填充"功能，可以移除图像中不需要的对象，然后通过关键词在图像中绘制新的对象。在绘制新图像之前，需要先上传图像并设置画笔的属性，使画笔的大小和硬度贴合绘图的需要，具体操作步骤如下。

扫码看视频

**01** 进入 Adobe Firefly(Beta) 主页，在"创意填充"选项区中单击"生成"按钮，如图 8-8 所示。

**02** 执行操作后，进入"创意填充"界面，单击"上传图像"按钮，如图 8-9 所示。

**03** 在弹出的"打开"对话框中，选择上一节生成并处理好的室内效果图，如图 8-10 所示。

**04** 单击"打开"按钮，即可上传素材图片并进入"创意填充"编辑页面，如图 8-11 所示。

图 8-8　单击"生成"按钮

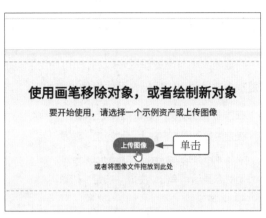

图 8-9　单击"上传图像"按钮

图 8-10　选择室内效果图

图 8-11　进入"创意填充"编辑界面

**05** 单击"设置"按钮，弹出列表框，拖曳"画笔大小"下方的滑块，直至参数显示为 14%，将画笔调小，如图 8-12 所示。

**06** 拖曳"硬笔硬度"下方的滑块，直至参数显示为 40%，调整画笔的柔软程度，如图 8-13 所示。

图 8-12　设置画笔大小

图 8-13　设置画笔硬度

**专家提醒**

较高的画笔硬度表示笔刷边缘更加锐利，绘制出来的透明区域比较硬；较低的画笔硬度则表示笔刷边缘更加柔和。

# 8.1.3 修复室内效果图中的瑕疵

扫码看视频

画笔的大小与硬度设置好以后，即可使用"添加"画笔工具▦，在图像上进行适当涂抹，修复室内效果图中的瑕疵，具体操作步骤如下。

**01** 在界面下方选取"添加"画笔工具▦，在室内效果图的窗户上、地板上、沙发垫区域进行适当涂抹，涂抹的区域呈透明状态显示，单击"生成"按钮，如图8-14所示。

图 8-14 涂抹并生成图像

**02** 此时，Firefly将对涂抹的区域进行绘图和修复处理，工具栏中可以选择不同的图像效果，如选择第1个图像效果，单击"保留"按钮，如图8-15所示。

图 8-15 保留图像效果

**03** 执行操作后，即可应用生成的图像效果。以同样的方法，运用"添加"画笔工具再次对图像进行修复处理，效果如图8-16所示。

💡 **专家提醒**

在"创意填充"编辑界面中，当用户使用"添加"画笔工具▦在图像上涂抹的区域过大时，可以运用"减去"画笔工具⊖进行涂抹，减去多余的透明区域。

图 8-16 对图像进行修复处理

## 8.1.4　在室内图像中绘制一只小狗

在室内效果图中的适当位置添加一个可爱的小动物，如小狗、小猫或者小兔子等，可以引起观众的喜爱，也让画面更加生动。下面介绍在画面中生成可爱动物的操作方法。

**01** 在界面下方选取"添加"画笔工具，在图片左下角的位置进行适当涂抹，涂抹的区域呈透明状态显示，在下方输入"一只小狗"，单击"生成"按钮，如图 8-17 所示。

**02** 执行操作后，即可生成相应的小狗图像，在工具栏中选择第 2 个图像效果，单击"保留"按钮，如图 8-18 所示。单击界面右上角的"下载"按钮，即可下载图片。

图 8-17　输入关键词并生成图像

> **专家提醒**
>
> 如果用户对 Firefly 生成的图像效果不满意，可以单击下方的"更多"按钮，重新生成相应的图像效果。用户还可以在界面中单击"取消"按钮，取消绘图操作，然后再次使用"添加"画笔工具对图像进行适当涂抹，涂抹完成后单击 Generate 按钮，重新绘图。

图 8-18　保留图像效果

# 8.2　案例实战：设计汽车海报

【效果对比】汽车制造商和经销商经常会使用宣传海报来展示不同车型，以吸引潜在买家。本实例主要介绍一键抠出图像中的汽车、生成汽车海报的背景图、移除汽车图像中不需要的元素，以及在天空中绘制蓝天白云效果等内容。原图与效果对比，如图 8-19 所示。

图 8-19　原图与效果对比

# 8.2.1　一键抠出图像中的汽车

在"创意填充"编辑界面中，使用"背景"工具  可以快速去除汽车的背景图像，将汽车主体抠出来，具体操作方法如下。

扫码看视频

**01** 进入 Adobe Firefly(Beta) 主页，在"创意填充"选项区中单击"生成"按钮，进入"创意填充"界面，单击"上传图像"按钮，如图 8-20 所示。

**02** 在弹出的"打开"对话框中，选择需要打开的汽车素材，如图 8-21 所示。

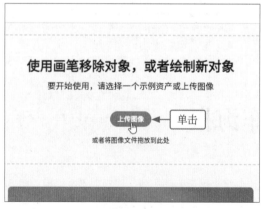

图 8-20　单击"上传图像"按钮

图 8-21　选择汽车素材

**专家提醒**

在绘画中，画笔不透明度是指笔刷应用到图像上时的透明程度。数值越高，绘画的区域越透明；数值越低，绘画的区域越不透明。

**03** 单击"打开"按钮，即可上传汽车素材图片并进入"创意填充"编辑界面，单击"背景"按钮 ，如图 8-22 所示。

**04** 执行操作后，Firefly 将快速去除汽车对象的背景，效果如图 8-23 所示。

图 8-22 单击"背景"按钮

图 8-23 去除汽车对象的背景

## 8.2.2 生成汽车海报的背景图

扫码看视频

使用"背景"工具 快速去除汽车的背景图像，接下来可以更换汽车的背景图像，具体操作方法如下。

**01** 在"创意填充"编辑界面下方的输入框中，输入"海边风光"，单击"生成"按钮，如图 8-24 所示。

**02** 执行操作后，即可在透明区域中生成汽车背景图像，在工具栏中选择相应的图像效果，单击"保留"按钮，即可应用生成的背景图像，如图 8-25 所示。

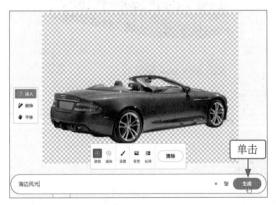

图 8-24 输入关键词并生成图像

图 8-25 生成并保留图像

## 8.2.3 移除汽车图像中不需要的元素

扫码看视频

在"创意填充"编辑界面中，运用"删除"工具可以快速移除汽车图像中不需要的元素，使画面更加干净、简洁，具体操作步骤如下。

**01** 在编辑界面的左侧，单击"删除"按钮 ，如图 8-26 所示。

**02** 在编辑界面的下方，单击"设置"按钮，弹出列表框，拖曳"画笔大小"下方的滑块，直至参数显示为 11%，将画笔调小，如图 8-27 所示。

图 8-26 单击"删除"按钮

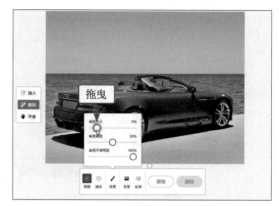

图 8-27 设置"画笔大小"参数

**03** 选取"添加"画笔工具 ，在汽车图像中的适当位置进行涂抹，涂抹的区域呈透明状态显示，单击"删除"按钮，如图 8-28 所示。

**04** 在透明区域中对图像进行修复操作，移除不需要的元素，在工具栏中选择相应的图像效果，单击"保留"按钮，即可完成操作，如图 8-29 所示。

图 8-28 涂抹并删除图像

图 8-29 保留图像效果

## 8.2.4 在天空中绘制蓝天白云效果

如果觉得 Firefly 生成的背景图像中的天空不好看，可以通过"插入"功能将天空更换为蓝天白云的效果，具体操作步骤如下。

扫码看视频

**01** 在编辑界面的左侧，单击"插入"按钮 ，在下方单击"设置"按钮，弹出列表框，拖曳"画笔大小"下方的滑块，直至参数显示为 48%，将画笔调大，如图 8-30 所示。

**02** 运用"添加"画笔工具 ，在汽车图像中的天空区域进行涂抹，涂抹的区域呈透明状态显示，如图 8-31 所示。

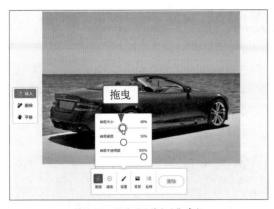

图 8-30　设置"画笔大小"参数

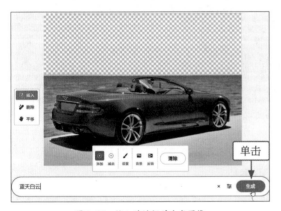

图 8-31　在天空区域进行涂抹

**03** 在下方输入"蓝天白云"，单击"生成"按钮，如图 8-32 所示。

**04** 执行操作后，即可生成蓝天白云的图像效果，单击"保留"按钮，如图 8-33 所示。

图 8-32　输入关键词并生成图像

图 8-33　保留图像效果

**05** 执行操作后，再次对图像画面的细节进行完善，修复图像，效果如图 8-34 所示。

图 8-34　最终效果

# 8.3 案例实战：处理沙漠风光

【效果对比】沙漠风光拥有特别的地形和景色，能够创造出独特的视觉效果和艺术价值，因此很多摄影师都喜欢拍摄沙漠风光作品。本实例主要介绍处理沙漠照片中杂乱的前景、去除沙漠照片上的水印文字、在天空中添加一架飞机等内容。原图与效果对比，如图 8-35 所示。

图 8-35　原图与效果对比

## 8.3.1 处理沙漠照片中杂乱的前景

如果照片中杂乱的前景影响了整幅画面的美观性，可以将这些杂乱的元素处理掉，具体操作步骤如下。

扫码看视频

01　进入"创意填充"界面，单击"上传图像"按钮，如图 8-36 所示。

02　在弹出的"打开"对话框中，选择沙漠风光素材，如图 8-37 所示。

图 8-36　单击"上传图像"按钮　　　　　图 8-37　选择沙漠风光素材

**03** 单击"打开"按钮，即可上传沙漠风光图像并进入"创意填充"编辑界面，运用"添加"画笔工具 ，在右下方的前景处进行涂抹，如图 8-38 所示。

**04** 涂抹的区域呈透明状态显示，单击"生成"按钮，如图 8-39 所示。

<table>
<tr><td>图 8-38　在前景处进行涂抹</td><td>图 8-39　单击"生成"按钮</td></tr>
</table>

**05** 此时，Firefly 将对涂抹的区域进行绘图和修复处理，如图 8-40 所示。

**06** 单击"保留"按钮，即可处理照片中杂乱的前景，效果如图 8-41 所示。

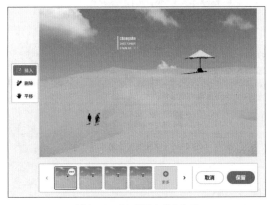

<table>
<tr><td>图 8-40　进行绘图和修复处理</td><td>图 8-41　处理照片中杂乱的前景</td></tr>
</table>

# 8.3.2　去除沙漠照片上的水印文字

　　运用 Firefly 中的"创意填充"功能，可以轻松去除照片上的水印文字，具体操作步骤如下。

**01** 在"创意填充"编辑界面中，运用"添加"画笔工具 ，在照片上方的水印处进行涂抹，如图 8-42 所示。

扫码看视频

**02** 涂抹的区域呈透明状态显示，单击"生成"按钮，如图 8-43 所示。

图 8-42 在水印处进行涂抹

图 8-43 单击"生成"按钮

**03** 此时，Firefly 将对涂抹的区域进行绘图和修复处理，如图 8-44 所示。

**04** 单击"保留"按钮，即可去除照片上的水印文字，效果如图 8-45 所示。

图 8-44 进行绘图和修复处理

图 8-45 去除照片上的水印文字

专家提醒

在"创意填充"编辑界面的左侧，单击"平移"按钮🤚，可以对上传的图像进行上、下、左、右平移操作，方便用户查看图像画面。

## 8.3.3 在天空中添加一架飞机

如果觉得沙漠风光照片中的元素太单调了，可以尝试在天空中绘制一架飞机，为照片起到画龙点睛的作用，具体操作步骤如下。

扫码看视频

**01** 在"创意填充"编辑界面中，单击"设置"按钮，弹出列表框，拖曳滑块设置"画笔大小"为 10%，调整画笔大小，如图 8-46 所示。

**02** 运用"添加"画笔工具🖌️，在照片上方的天空处进行涂抹，涂抹出一架飞机的形态，如图 8-47 所示。

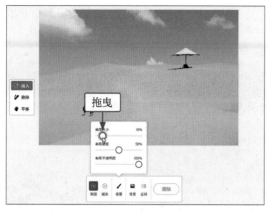

图 8-46 调整画笔大小

图 8-47 涂抹出一架飞机的形态

**03** 在下方输入"飞机"，单击"生成"按钮，如图 8-48 所示。

**04** 此时，Firefly 将对涂抹的区域进行绘图，工具栏中可以选择不同的图像效果，如选择第 2 个图像效果，单击"保留"按钮，如图 8-49 所示。

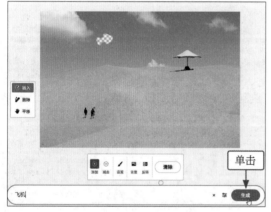

图 8-48 输入关键词并生成图像

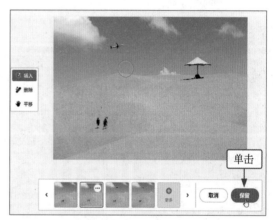

图 8-49 选择并保留图像效果

**05** 执行操作后，即可应用生成的图像效果，如图 8-50 所示。

**06** 单击界面右上角的"下载"按钮，即可下载图片，如图 8-51 所示。

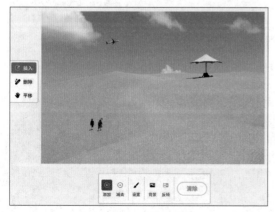

图 8-50 应用生成的图像效果

图 8-51 单击"下载"按钮

Firefly 绘画拓展篇

# 第 9 章
## 文字效果：绘制具有艺术感的文本

　　"文字效果"的主要功能是使用文本提示将艺术样式或纹理应用于文本，制作出独一无二的文字艺术特效，适合制作文字广告的设计师使用。本章以广告文字、标识文字、亮片文字 3 个实例，讲解文字效果的制作方法。

# 9.1　案例实战：制作广告文字

【效果欣赏】本实例以制作一个美食宣传单页上的广告文字为例，讲解使用 Firefly 生成广告文字的方法，主要包括用关键词生成广告文字、设置紧致的文字效果、设置文本填充样式、设置文本字体效果等内容。广告文字效果，如图 9-1 所示。

图 9-1　广告文字效果

## 9.1.1　用关键词生成广告文字

在"文字效果"界面中，用户可以根据需要制作出任意中文或英文的文本效果。下面介绍用关键词生成广告文字的操作方法。

扫码看视频

**01**　进入 Adobe Firefly(Beta) 主页，在"文字效果"选项区中单击"生成"按钮，如图 9-2 所示。

图 9-2　单击"生成"按钮

**02**　执行操作后，进入"文字效果"界面，在下方的输入框中分别输入文本"食全食美"和关键词"美食"，如图 9-3 所示。

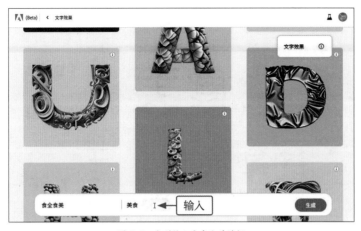

图 9-3 分别输入文本和关键词

**专家提醒**

"文字效果"界面下方的输入框被分割为两个文本框，左边的文本框用于指定文字效果的内容，右边的文本框用于指定文字效果的材质，两个文本框中均可以输入英文或中文内容，用户可根据实际情况进行操作。

**03** 单击"生成"按钮，即可生成相应的广告文字效果，如图 9-4 所示。

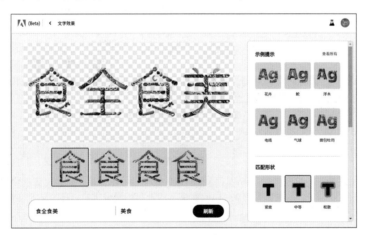

图 9-4 生成广告文字效果

## 9.1.2 设置紧致的文字效果

"紧致"选项用于设置文本与其周围空间或元素之间的紧密程度，表示文本与周围元素的紧凑性，在视觉上创造出一种紧凑、集中的文本外观，下面介绍具体操作方法。

**01** 在"匹配形状"选项区中，选择"紧致"选项，如图 9-5 所示。

**02** 执行操作后，即可应用文本的紧致效果，如图 9-6 所示。

扫码看视频

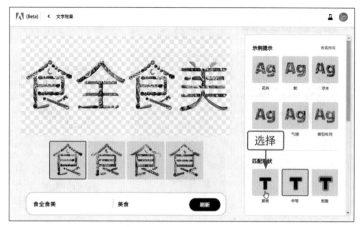

图 9-5 选择"紧致"选项

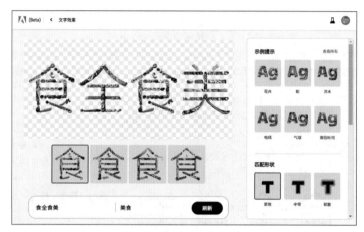

图 9-6 应用文本的紧致效果

**专家提醒**

　　在"文字效果"界面中，通过设置文本的"匹配形状"属性，可以使其在视觉上更加吸引人或突出某种特点，包括应用特殊的字体、描边及阴影等效果，以改变文字的外观和呈现方式。在"文字效果"选项区中，包含了 3 种文字效果，如"紧致"效果、"中等"效果、"松散"效果，用户可根据实际需要进行选择。下面进行简单讲解。

- "紧致"文字效果：将文本更紧凑地放置在其周围的空间中，这意味着文字与其他元素之间的间距较小。

- "中等"文字效果：比"紧致"的文字效果稍微宽松一点，介于紧致与松散之间，可以让文字效果有一些艺术的表现。

- "松散"文字效果：用来描述文本之间或文本与效果元素之间的宽松程度，当文字上应用"松散"效果时，文本通常会以较宽松的方式排列，这意味着文本与效果元素之间的间距会较大。

# 9.1.3　设置文本填充样式

　　用户可以根据需要对广告文字进行填充，如餐厅可以将宣传广告中的文字填充为寿司样式，引起客人对于美食的兴趣，下面介绍具体操作方法。

扫码看视频

**01**　在界面右侧单击"示例提示"右侧的"查看所有"按钮，如图 9-7 所示。

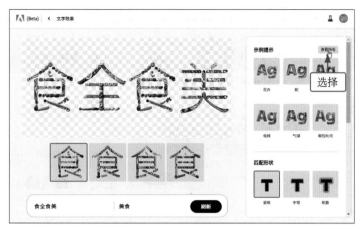

图 9-7　单击"查看所有"按钮

**02**　展开"示例提示"面板，在"食品饮料"选项区中选择"寿司"示例效果，将文字设置为寿司图案样式，效果如图 9-8 所示。

图 9-8　设置寿司图案样式

**专家提醒**

　　美食文字在餐厅和咖啡馆中扮演着重要角色，它们被用于设计餐厅的招牌、菜单和宣传材料，以吸引客人，传达餐厅的特色和卖点。另外，美食文字常用于美食活动、展览和比赛中，进行宣传和展示。

## 9.1.4　设置文本字体效果

　　在 Firefly 中，"字体"是指用户可以根据需求为文字设置合适的字体效果，不同的字体样式可以传递不同的情感、风格和表达方式。下面介绍为广告文字设置具有艺术感的字体效果的操作方法。

**01**　在右侧的"字体"选项区中，选择相应的字体选项，如图 9-9 所示。

扫码看视频

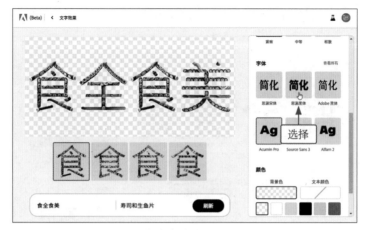

图 9-9　选择字体选项

**02**　执行操作后，即可更改文字的字体效果，使美食广告的文字看上去形态更加美观、色彩更加鲜明，这样的文字效果会使人产生食欲，联想到美食店中的美味佳肴，增加广告的吸引力和趣味性，效果如图 9-10 所示。

图 9-10　更改文字的字体效果

**03**　单击文字效果右上角的 ⬇ 按钮，即可下载制作的字体文件，如图 9-11 所示。

图 9-11　下载字体文件

# 9.2 案例实战：制作标识文字

【效果欣赏】本实例以制作一个背包的品牌标识文字为例，讲解使用 Firefly 生成标识文字的方法，主要包括用关键词生成标识文字、设置标识文字的字体样式、设置文本的背景颜色等内容。标识文字效果，如图 9-12 所示。

图 9-12 标识文字效果

## 9.2.1 用关键词生成标识文字

金属文字常用于企业标识的设计，也可用于奢侈品和高端产品的包装设计中，传达出产品的优质感和品质保证，它为包装设计增添了一种精致、专业的韵味。下面介绍运用关键词生成标识文字的操作方法。

扫码看视频

**01** 进入"文字效果"界面，在下方的输入框中分别输入文本 Fashion 和关键词"金属颜色"，如图 9-13 所示。

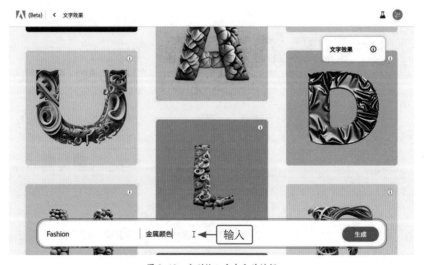

图 9-13 分别输入文本和关键词

**02** 单击"生成"按钮，即可生成相应的标识文字效果，如图 9-14 所示。

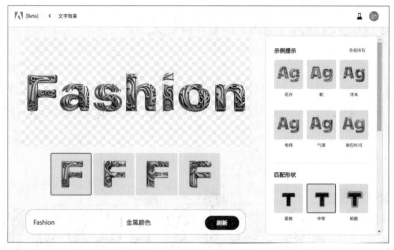

图 9-14　生成标识文字效果

## 9.2.2　设置标识文字的字体样式

Cooper 字体是由兰斯·库珀 (Lance Cooper) 于 1922 年设计的，是一种衬线字体 (serif font) 效果，衬线字体是指在字母的末端和转角上有额外装饰线条，通常具有较为传统、经典的外观，在一些设计中，常被用于营造复古、艺术氛围或独特的个性化风格。下面介绍使用衬线字体制作文字效果的方法。

扫码看视频

**01** 在界面右侧单击"字体"的"查看所有"按钮，如图 9-15 所示。

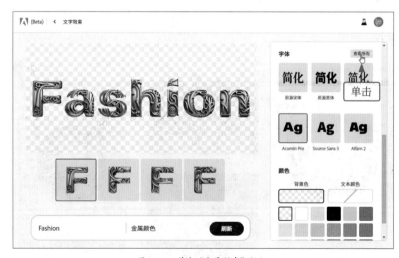

图 9-15　单击"查看所有"按钮

**02** 展开"字体"面板，在下方选择 Cooper 选项，即可设置文字的字体效果，如图 9-16 所示。这种文字效果在视觉上具有一定的吸引力和独特性，能够给人带来一种优雅和经典的感觉。

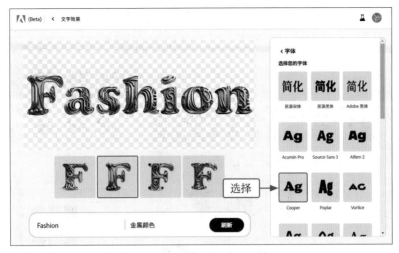

图 9-16  设置文字的字体效果

## 9.2.3  设置文本的背景颜色

扫码看视频

在文字效果中，"背景色"指的是应用于文本背景的颜色，它的作用是为文字提供一个背景环境，使其在设计中更加突出或与其他元素形成对比。下面介绍设置标识文字背景颜色的操作方法。

01  在右侧的"颜色"选项区中，单击"背景色"色块，然后单击下方的淡蓝色色块，即可将文字背景设置为淡蓝色效果，如图 9-17 所示。

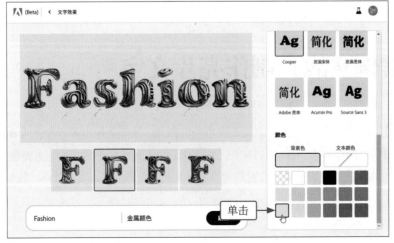

图 9-17  将文字背景设置为淡蓝色效果

**02** 单击文字效果右上角的 ⬇ 按钮，即可下载制作的字体文件，如图 9-18 所示。

图 9-18  下载字体文件

---

💡 **专家提醒**

在 Firefly 中制作好文字效果后，可以将其应用于各种产品或包装盒上，如图 9-19 所示。

图 9-19  将文字效果应用于产品上

---

# 9.3  案例实战：制作亮片文字

【效果欣赏】 亮片填充可以使文字表面充满小小的亮片，从而呈现出闪闪发光的效果，我们在一些服装上经常能看到亮片填充的文字效果。本实例主要介绍制作亮片文字的方法，主要包括用关键词生成亮片文字、设置文本松散的排版效果、设置文本的字体样式等内容。亮片文字效果，如图 9-20 所示。

图 9-20 亮片文字效果

# 9.3.1 用关键词生成亮片文字

下面介绍用关键词生成亮片文字的方法，这种文字效果能够吸引观众的眼球，给人一种炫目的感觉，具体操作步骤如下。

扫码看视频

01 进入"文字效果"界面，在下方的输入框中分别输入文本 Love 和关键词"亮片"，如图 9-21 所示。

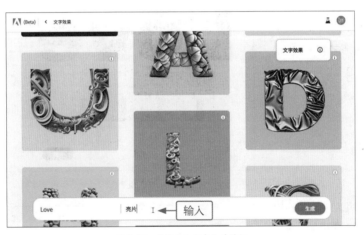

图 9-21 分别输入文本和关键词

💡 专家提醒

亮片文字效果具有以下 3 个特点。

- 亮片可以赋予文字更多的层次感，使其看起来更为立体，从而增强视觉吸引力。

- 由于亮片闪耀的特点，这种填充效果能够在设计中让文字更容易被注意到。

- 亮片填充能够为文字增添一种独特的装饰性，使其更富有艺术感和创意。

02　单击"生成"按钮，即可生成相
　　应的亮片文字效果，如图9-22
　　所示。

图 9-22　生成相应的亮片文字效果

扫码看视频

## 9.3.2　设置松散的排版效果

　　在亮片文字中应用松散效果，
可以丰富亮片的装饰元素，使文本
的整体效果更漂亮。下面介绍设置
文本松散排版效果的操作方法。

01　在"匹配形状"选项区中，选择"松
　　散"选项，如图9-23所示。

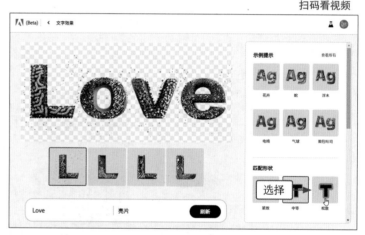

图 9-23　选择"松散"选项

02　执行操作后，即可应用文本的松
　　散效果，使亮片元素更加丰富，
　　如图9-24所示。

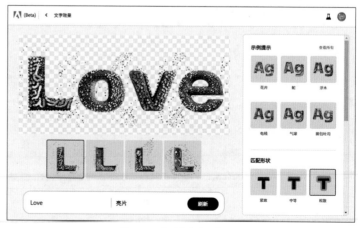

图 9-24　应用文本的松散效果

## 9.3.3 设置文本的字体样式

不同的字体可以展现出文本不同的视觉效果，设置字体样式可以起到美化文本的作用。下面介绍设置文本字体样式的具体操作方法。

扫码看视频

01 在界面右侧单击"字体"的"查看所有"按钮，如图 9-25 所示。

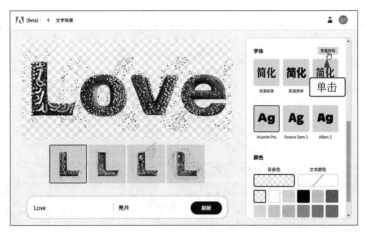

图 9-25 单击"查看所有"按钮

02 展开"字体"面板，在下方选择 Sanvito 选项，即可设置文字的字体效果，如图 9-26 所示。这种文字效果追求现代、精致的外观，结合了传统和创新的元素，适用于多种设计风格和主题。单击文字效果右上角的 ⬇ 按钮，即可下载制作的字体文件。

图 9-26 设置文字的字体效果

# 第 10 章

## 上色实战：绘制不同色调的矢量图形

　　Firefly 中的"创意重新着色"功能可以对 SVG 义件的矢量图形进行重新着色，生成矢量艺术品的颜色变化。本章以商品图形、企业标识及风景图形 3 个实例，讲解为矢量图形重新着色的操作方法。

# 10.1 案例实战：商品图形着色

【效果对比】在设计商品图形的过程中，有时需要呈现出商品的不同色调，此时可以在 Firefly 中为图形进行重新着色。本实例主要介绍为商品图形着色的方法，包括上传商品图形文件、着色为三文鱼寿司色调、着色为颜色鲜艳的灯光色调、着色为夏日海边色调等内容。原图与效果对比，如图 10-1 所示。

图 10-1 原图与效果对比

## 10.1.1 上传商品图形文件

对商品图形进行重新着色之前，需要先上传商品图形文件。在 Firefly 中，只能上传 SVG(scalable vector graphics，可缩放矢量图形) 格式的文件，具体操作步骤如下。

扫码看视频

**01** 进入 Adobe Firefly(Beta) 主页，在"创意重新着色"选项区中单击"生成"按钮，如图 10-2 所示。

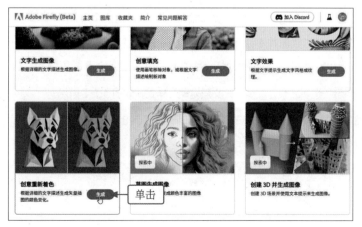

图 10-2 单击"生成"按钮

**02** 执行操作后，进入"创意重新着色"界面，在界面中间单击"上传 SVG"按钮，如图 10-3 所示。

**03** 在弹出的"打开"对话框中，选择一个 SVG 文件，如图 10-4 所示。

图 10-3　单击"上传 SVG"按钮　　　　　　　　图 10-4　选择 SVG 文件

**04** 单击"打开"按钮，即可上传 SVG 文件，在文本框中输入"自然色"，单击"生成"按钮，如图 10-5 所示。

**05** 执行操作后，即可将商品图形重新着色为自然色调，如图 10-6 所示。

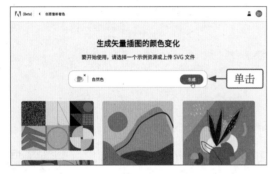
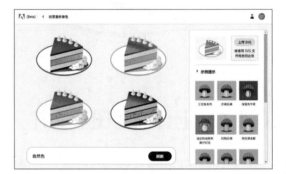

图 10-5　单击"生成"按钮　　　　　　　　图 10-6　将商品图形重新着色为自然色调

## 10.1.2　着色为三文鱼寿司色调

　　"三文鱼寿司"样式的主色调为橙色，这种颜色来源于新鲜的三文鱼肉的色调，呈现出柔和而温暖的外观。它的颜色并不是单一的纯色，而是由混合色调组成，包括橙色、粉红色和略带黄色或白色的条纹。下面介绍为商品图形着色为三文鱼寿司色调的方法。

扫码看视频

**01** 在右侧的"示例提示"选项区中，选择"三文鱼寿司"样式，如图 10-7 所示。

**02** 执行操作后，即可将图形更改为三文鱼寿司的色调，如图 10-8 所示。需要注意的是，即使上传相同的矢量图形，Firefly 每次生成的图形颜色也不一样。

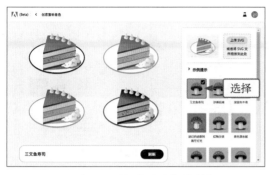

图 10-7  选择"三文鱼寿司"样式

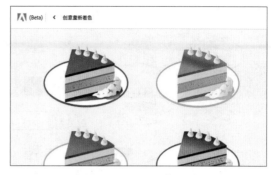

图 10-8  更改为三文鱼寿司的色调

**03** 单击图形效果右上角的"下载"按钮 ↓，下载第 1 个和第 4 个商品图形，放大预览图形效果，如图 10-9 所示。

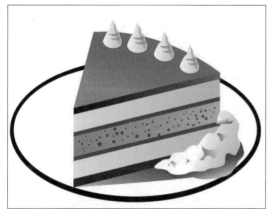

图 10-9  放大预览图形效果

## 10.1.3  着色为颜色鲜艳的灯光色调

"迷幻的迪斯科舞厅灯光"样式通常会采用鲜艳明亮的颜色，如红色、绿色、蓝色、黄色等，这些颜色能够吸引眼球，并在黑暗的环境中产生强烈的视觉效果，图形颜色之间也具有高对比度，特别适合用在蛋糕这种商品图形上。下面介绍为商品图形着色为迷幻的迪斯科舞厅灯光色调的方法。

扫码看视频

**01** 在界面右侧的"示例提示"选项区中，选择"迷幻的迪斯科舞厅灯光"样式，如图 10-10 所示。

**02** 执行操作后，即可将商品图形更改为迷幻的迪斯科舞厅灯光色调，包含粉红色、绿色、紫色、红色、黄色等鲜艳的图形颜色，如图 10-11 所示。

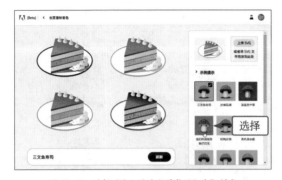

图 10-10　选择"迷幻的迪斯科舞厅灯光"样式

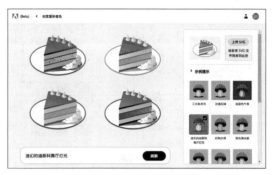

图 10-11　着色为迷幻的迪斯科舞厅灯光色调

💡 专家提醒

　　用户在"创意重新着色"界面下方的输入框中输入颜色关键词，单击"生成"按钮，可以重新生成相应的图形颜色效果。

**03**　单击图形效果右上角的"下载"按钮 ⬇，下载第 1 个和第 4 个商品图形，放大预览图形效果，如图 10-12 所示。

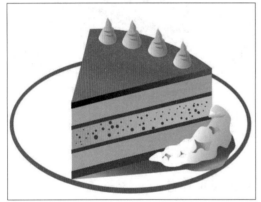 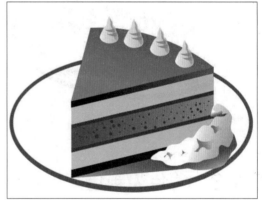

图 10-12　放大预览图形效果

# 10.1.4　着色为夏日海边色调

　　"夏日海边"样式通常以温暖的青色色彩为主，是一种清澈、明亮而令人愉悦的色调。下面介绍为商品图形着色为夏日海边色调的方法。

**01**　在右侧的"示例提示"选项区中，选择"夏日海边"样式，即可将商品图形更改为夏日海边色调，如图 10-13 所示。

**02**　下载第 1 个和第 2 个商品图形，放大预览商品图形效果，如图 10-14 所示。

扫码看视频

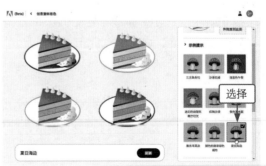

图 10-13　更改为夏日海边色调

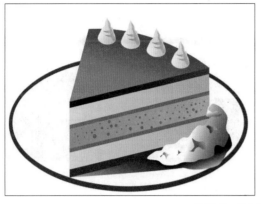 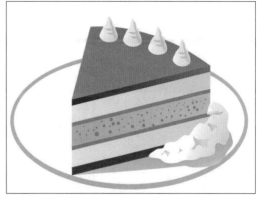

图 10-14　放大预览商品图形效果

# 10.2　案例实战：企业标识着色

【效果对比】企业标识作为企业的重要标志，常用于在各种场合和媒体上展示企业的身份和品牌形象，有助于增加品牌的知名度和认可度。本实例主要介绍为企业标识图形着色的方法，主要包括着色为深蓝色午夜色调、着色为薰衣草风浪色调、用互补色样式处理图形、用类似色样式处理图形等内容。原图与效果对比，如图 10-15 所示。

图 10-15　原图与效果对比

## 10.2.1　着色为深蓝色午夜色调

"深蓝色午夜"样式主要采用深蓝色调，给人一种深沉和神秘的感觉。深蓝色通常具有较低的饱和度，即颜色的纯度较低，不会给人过于鲜艳或刺眼的感觉。下面介绍为企业标识图形着色为深蓝色午夜色调的操作方法。

扫码看视频

**01** 进入"创意重新着色"界面，在界面中间单击"上传 SVG"按钮，弹出"打开"对话框，选择一个 SVG 文件，单击"打开"按钮，即可上传 SVG 文件，在左侧文本框中输入"自然色"，单击"生成"按钮，如图 10-16 所示。

**02** 执行操作后，即可将商品图形重新着色为自然色调，在右侧的"示例提示"选项区中，选择"深蓝色午夜"样式，如图 10-17 所示。

图 10-16　上传并设置图像

**03** 执行操作后，即可将矢量图形更改为深蓝色午夜色调，如图 10-18 所示。

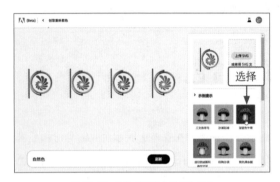

图 10-17　选择"深蓝色午夜"样式

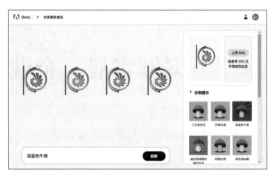

图 10-18　更改为深蓝色午夜色调

**04** 下载第 1 个和第 3 个标识图形，放大预览企业标识图形效果，如图 10-19 所示。

图 10-19　放大预览企业标识图形效果

## 10.2.2　着色为薰衣草风浪色调

扫码看视频

"薰衣草风浪"样式主要采用淡紫色，类似于薰衣草花朵的颜色，给人一种柔和、浪漫的视觉感受。下面介绍为企业标识图形着色为薰衣草风浪色调的操作方法。

01　在右侧的"示例提示"选项区中，选择"薰衣草风浪"样式，即可将企业标识图形更改为薰衣草风浪色调，如图 10-20 所示。

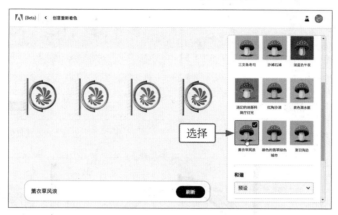

图 10-20　更改为薰衣草风浪色调

02　下载第 1 个和第 2 个标识图形，放大预览企业标识图形效果，如图 10-21 所示。

图 10-21　放大预览企业标识图形效果

## 10.2.3　用互补色样式处理图形

互补色是指位于彩色光谱相对位置的颜色，它们相互补充并形成最大的对比度。在互补色的样式中，通常运用两个相对位置的颜色，使它们相互平衡和协调。下面介绍使用互补色处理企业标识图形的方法。

扫码看视频

01　在右侧的"和谐"下拉列表中选择"互补色"选项，此时标识图形上即可显示两种互补色，如图 10-22 所示，通过使用互补色为标识图形创造视觉上的平衡。

02　在下方单击"浅樱桃色"色块，即可更改图形中互补色的颜色，自动生成与浅樱桃色相关的互补色，如图 10-23 所示。

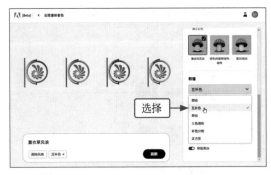

图 10-22　选择"互补色"选项

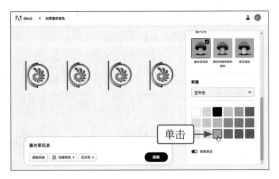

图 10-23　自动生成与浅樱桃色相关的互补色

**03** 下载第 1 个和第 4 个企业标识图形，放大预览企业标识图形，效果如图 10-24 所示。可以看到，图形中的颜色组合都是互补色系，画面的颜色也更加协调、统一。

图 10-24　放大预览企业标识图形

## 10.2.4　用类似色样式处理图形

扫码看视频

　　类似色是指位于彩色光谱相邻位置的颜色，它们在色轮上彼此靠近。在类似色的样式中，通常使用相邻的颜色作为主要调色板，使用彼此相近的颜色来营造平衡、协调的图形效果。下面介绍使用类似色处理企业标识图形的方法。

**01** 在"和谐"下拉列表中选择"类似"选项，通过使用类似色以形成和谐的整体效果，如图 10-25 所示。

**02** 下载并放大预览企业标识图形，可以看到标识图形中的红色与粉红色是类似色，效果如图 10-26 所示。

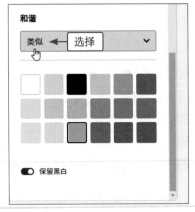

图 10-25　选择"类似"选项

图 10-26　放大预览企业标识图形

# 10.3　案例实战：风景图形着色

　　【效果对比】风景图形常用于平面设计中，如书籍封面、儿童插画，以及海报设计等，为作品增添趣味和视觉吸引力。本实例主要介绍为风景图形着色的方法，包括着色沙滩石滩色调、着色为黄色潜水艇色调、使用三色调和处理图形等内容。原图与效果对比，如图 10-27 所示。

图 10-27　原图与效果对比

## 10.3.1　着色为沙滩石滩色调

扫码看视频

　　"沙滩石滩"样式通常以中性色调为主，如米色、灰色、棕色等，这些中性色调模拟了沙滩上沙石的颜色，给人一种自然而柔和的感觉。下面介绍为风景图形着色为沙滩石滩色调的操作方法。

**01** 进入"创意重新着色"界面，单击"上传 SVG"按钮，上传 SVG 文件，在左侧文本框中输入"自然色"，单击"生成"按钮，生成自然色调的效果，如图 10-28 所示。

**02** 在右侧的"示例提示"选项区，选择"沙滩石滩"样式，即可将风景图形更改为沙滩石滩色调，如图 10-29 所示。

图 10-28　生成自然色调的效果

**03** 下载并放大预览风景图形，查看沙滩石滩色调的图形效果，如图 10-30 所示。沙滩石滩的图形颜色会因为插画不同而有所变化，除了中性色调，图形颜色中还包含了柔和的蓝色，这是为了表现出海水的颜色，将沙滩与海洋环境相连。

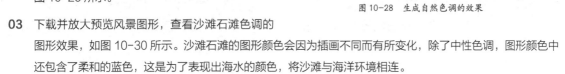

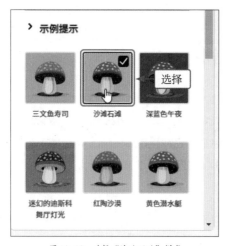

图 10-29　选择"沙滩石滩"样式

图 10-30　查看图形效果

## 10.3.2　着色为黄色潜水艇色调

扫码看视频

"黄色潜水艇"样式主要使用黄色色调，是一种明亮、活泼的颜色。下面介绍为风景图形着色为黄色潜水艇色调的操作方法。

**01** 在右侧的"示例提示"选项区中，选择"黄色潜水艇"样式，即可将风景图形更改为黄色潜水艇色调，如图 10-31 所示。

**02** 下载第 2 个和第 3 个风景图形，放大预览风景图形效果，如图 10-32 所示。

图 10-31　将风景图形更改为黄色潜水艇色调

图 10-32　放大预览风景图形效果

# 10.3.3　使用三色调和处理图形

扫码看视频

在色轮上，三色调和通常是以等距离分布的三个颜色形成的，最常见的三色调和是选择等边三角形中各角上的颜色，如红色、黄色和蓝色，或者橙色、绿色和紫色，三种相互等距离分布的颜色，形成一个平衡、协调的色彩组合。下面介绍使用三色调和样式处理风景图形的操作方法。

**01** 在右侧的"和谐"下拉列表中，选择"三色调合"选项，如图 10-33 所示。

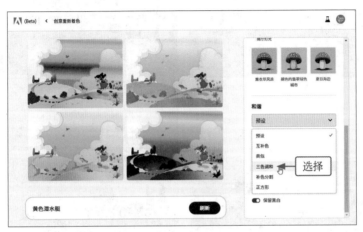

图 10-33　选择"三色调和"选项

> 💡 **专家提醒**
>
> 在 Firefly 中，"和谐"是一种图形样式，它强调各个元素之间的平衡、协调和统一，各个元素在布局上均匀分布，整个图形给人一种稳定和谐的感觉。

**02** 执行操作后，即可以三种颜色组合显示风景图形，通过三种颜色的组合使风景图形达到视觉上的平衡，如图 10-34 所示。

**03** 在"和谐"下拉列表的下方，单击"绿色""鲜艳的藤黄色""天蓝色"色块，即可为风景图形指定三种颜色的填充效果，如图 10-35 所示。

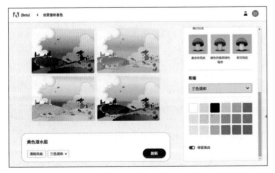

图 10-34　以三种颜色组合显示风景图形

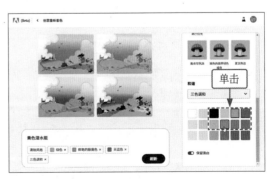

图 10-35　指定三种颜色的填充效果

**04** 下载调色完成的 4 个风景图形，放大预览风景图形效果，其中包含了设置的三种组合色调，如图 10-36 所示。

图 10-36　放大预览风景图形效果

AI 综合案例篇

# 第11章
## 人像照片后期修图：面容修饰

　　在人像数码照片中，往往含有各种不尽如人意的瑕疵需要处理。Photoshop 拥有强大的图像修复功能，利用这些功能可以轻松消除人像照片中的缺陷，还可以对人物面容进行美容与修饰，使人物以近乎完美的姿态展现出来。

# 11.1　人像照片效果展示

在室内拍摄人像照片时，由于光线、环境和摄影设备等因素，可能导致照片中人物的肤色呈现出不均匀的情况，妆容的色彩也显得暗淡。本章通过"面容修饰"案例，为大家详细讲解人像照片的后期修图流程与技巧，通过润色技术去除皮肤的瑕疵，使皮肤看起来更加光滑、无瑕，妆容也更加精致。

## 11.1.1　效果欣赏

"面容修饰"人像照片后期修图的效果对比，如图 11-1 所示。

图 11-1　原图与效果对比

# 11.1.2 学习目标

| 知识目标 | 掌握人像照片后期修图方法 |
|---|---|
| 技能目标 | (1) 掌握调出洁白皮肤的操作方法<br>(2) 掌握修出浓密眉毛的操作方法<br>(3) 掌握鲜艳性感唇色的处理方法<br>(4) 掌握更换人物发型的操作方法<br>(5) 掌握修饰皮肤瑕疵的操作方法<br>(6) 掌握修饰耳朵形态的操作方法 |
| 本章重点 | 鲜艳性感的唇色处理 |
| 本章难点 | 更换人物的发型 |
| 视频时长 | 10 分钟 |

# 11.1.3 处理思路

本案例首先介绍调出洁白无瑕皮肤的方法，然后介绍如何修饰人物的眉毛、唇色、发型、皮肤及耳朵等细节部分。人像照片的后期处理思路，如图 11-2 所示。

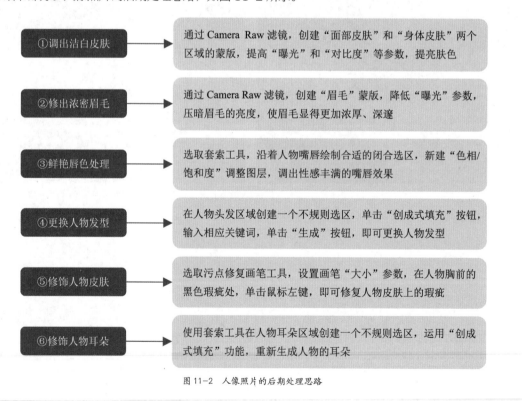

①调出洁白皮肤 ➡ 通过 Camera Raw 滤镜，创建"面部皮肤"和"身体皮肤"两个区域的蒙版，提高"曝光"和"对比度"等参数，提亮肤色

②修出浓密眉毛 ➡ 通过 Camera Raw 滤镜，创建"眉毛"蒙版，降低"曝光"参数，压暗眉毛的亮度，使眉毛显得更加浓厚、深邃

③鲜艳唇色处理 ➡ 选取套索工具，沿着人物嘴唇绘制合适的闭合选区，新建"色相/饱和度"调整图层，调出性感丰满的嘴唇效果

④更换人物发型 ➡ 在人物头发区域创建一个不规则选区，单击"创成式填充"按钮，输入相应关键词，单击"生成"按钮，即可更换人物发型

⑤修饰人物皮肤 ➡ 选取污点修复画笔工具，设置画笔"大小"参数，在人物胸前的黑色瑕疵处，单击鼠标左键，即可修复人物皮肤上的瑕疵

⑥修饰人物耳朵 ➡ 使用套索工具在人物耳朵区域创建一个不规则选区，运用"创成式填充"功能，重新生成人物的耳朵

图 11-2　人像照片的后期处理思路

## 11.1.4　知识讲解

人们都希望自己的照片能呈现出最好的一面，后期修图可以处理人像的皮肤瑕疵、调整面部妆容等，使照片中的人物看起来更加精致。在进行面容修饰时，需权衡修饰程度，确保照片效果的真实性。

## 11.1.5　要点讲堂

本章主要讲解 Photoshop 的"创成式填充"功能，该功能的原理其实是 AI 绘画技术，通过在原有图像上绘制新的图像，或者扩展原有图像的画布生成更多的图像内容，还可以进行智能化修图处理。当我们在图像上绘制出选区后，可以在不输入任何关键词信息的情况下重新生成图像，Photoshop 会自动按照图像周边像素来填充选区内容。

# 11.2　案例实战：人像照片处理流程

本节为大家介绍人像照片的处理流程，包括调出洁白的皮肤、修出浓密的眉毛、鲜艳唇色的处理、更换人物的发型、处理皮肤瑕疵、修饰人物耳朵的形态等内容。

## 11.2.1　调出洁白无瑕的皮肤

如果拍摄的照片中人像的皮肤过黑，可以单独调整人物脸部与身体的皮肤，将皮肤调白调亮，使人物更加好看，下面介绍具体操作方法。

扫码看视频

**01** 单击"文件"|"打开"命令，打开一幅素材图像，如图 11-3 所示。

**02** 在"图层"面板中，按【Ctrl+J】组合键，复制一个图层，得到"图层 1"图层，如图 11-4 所示。

**03** 单击"滤镜"|"Camera Raw 滤镜"命令，打开 Camera Raw 窗口，在右侧面板中单击"蒙版"按钮，如图 11-5 所示。

图 11-3　打开素材图像

图 11-4　复制得到"图层 1"图层

图 11-5　单击"蒙版"按钮

**04**　打开相应面板，在"人物"下方单击"人物 1"缩略图，如图 11-6 所示。

图 11-6　单击"人物 1"缩略图

**05**　进入"人物蒙版选项"面板，在下方选中"面部皮肤"和"身体皮肤"两个复选框，单击"创建"按钮，如图 11-7 所示。

图 11-7　创建蒙版

**06** 进入"创建新蒙版"面板，取消选中"显示叠加"复选框，在"亮"选项区中设置"曝光"为 0.6、"对比度"为 7、"高光"为 –21、"阴影"为 2、"白色"为 –18、"黑色"为 21，提亮皮肤，使皮肤更有光泽感，增强画面对比度，使人物轮廓更具立体感，如图 11-8 所示。

图 11-8　设置蒙版参数

## 11.2.2　修出浓密优雅的眉毛

人物的眉毛在面部表情和整体形象中起到重要作用，对于塑造外貌和表达情感都有影响，眉毛的微妙变化能够使人物的表情更加丰富和生动。如果我们对人像的眉毛不太满意，可以对其进行调整，具体操作步骤如下。

扫码看视频

**01** 在右侧面板中单击"创建新蒙版"按钮，在弹出的列表框中选择"选择人物"选项，如图 11-9 所示。

**02** 进入"人物蒙版选项"面板，在下方选中"眉毛"复选框，单击"创建"按钮，如图 11-10 所示。

图 11-9　选择"选择人物"选项

图 11-10　创建蒙版

**03** 进入相应面板，取消选中"显示叠加"复选框，在下方设置"曝光"为 -0.65，压暗眉毛的亮度，使眉毛显得更加浓厚、深邃，如图 11-11 所示。

**04** 在面板中设置"色温"为6，将眉毛的颜色往棕色方面调整，加强眉毛的色彩，完成人物眉毛的调整，如图 11-12 所示。

图 11-11　压暗眉毛的亮度　　　　　图 11-12　将眉毛的颜色往棕色方面调整

**05** 操作完成后，单击"确定"按钮，返回 Photoshop 工作界面，查看处理前后的人像照片对比效果，如图 11-13 所示。

图 11-13　查看人像照片对比效果

# 11.2.3 鲜艳丰满的唇色处理

在人物摄影中，嘴唇通常是观众的视觉焦点之一，因为嘴唇是面部的明亮区域，而且常常与嘴部的形状和表情相关，所以更容易吸引人们的目光。嘴唇可以影响人物形象的表达，传达丰富的情感和情绪。如果我们对照片中人物的嘴唇颜色不太满意，可以进行细节调整，具体操作步骤如下。

扫码看视频

01 选取工具箱中的"套索工具" ♀，单击工具属性栏上的"添加到选区"按钮 ，如图 11-14 所示。

02 将鼠标指针移至人物嘴唇处，沿着嘴唇绘制合适的闭合选区，如图 11-15 所示。

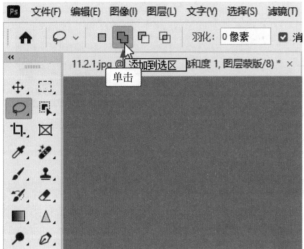

图 11-14 单击"添加到选区"按钮　　　　　图 11-15 绘制合适的闭合选区

03 按【Shift+F6】组合键，弹出"羽化选区"对话框，设置"羽化半径"为 3 像素，如图 11-16 所示。

04 单击"确定"按钮，即可羽化选区，单击"图层"面板下方的"创建新的填充或调整图层"按钮 ，在弹出的列表框中选择"色相／饱和度"选项，如图 11-17 所示。

图 11-16 设置"羽化半径"参数　　　　　图 11-17 选择"色相／饱和度"选项

**05** 展开"属性"面板，设置"色相"为 -24、"饱和度"为 40，如图 11-18 所示。

**06** 执行操作后，即可调出鲜艳丰满的嘴唇效果，如图 11-19 所示。

图 11-18　设置属性参数　　　　　　　　　　　图 11-19　调出鲜艳丰满的嘴唇效果

## 11.2.4　快速更换人物的发型

如果照片中人物的发型不好看，可以使用"创成式填充"功能为人物快速更换一个
漂亮的发型，具体操作步骤如下。

扫码看视频

**01** 在"图层"面板中，按【Ctrl+Shift+Alt+E】组合键，盖印图层，得到"图层 2"图层，如图 11-20 所示。

**02** 使用"套索工具"，在人物头发区域创建一个不规则选区，如图 11-21 所示。

图 11-20　盖印得到"图层 2"图层　　　　　　　图 11-21　创建一个不规则选区

**03** 在工具栏中单击"创成式填充"按钮，输入关键词"一头漂亮的卷发"，单击"生成"按钮，如图 11-22 所示。

**04** 执行操作后，即可更换人物的发型，在生成式图层的"属性"面板中，在"变化"选项区中选择相应的图像，预览更换女孩发型后的效果，如图 11-23 所示。

图 11-22　输入关键词并生成图像

图 11-23　预览发型效果

# 11.2.5　去除污点修饰皮肤瑕疵

扫码看视频

人物的皮肤可能存在瑕疵，如痘痘、斑点等，这些可能会影响照片中人物形象的美观。在本例的人像照片中，人物身体上长了一些黑色的痣，需要使用污点修复画笔工具 ✏ 将这些痣去除，修饰皮肤的瑕疵，使其洁白无瑕，具体操作步骤如下。

**01** 在"图层"面板中，选择所有图层，单击鼠标右键，在弹出的快捷菜单中选择"合并可见图层"选项，如图 11-24 所示。

**02** 执行操作后，即可合并所有图层对象，如图 11-25 所示。

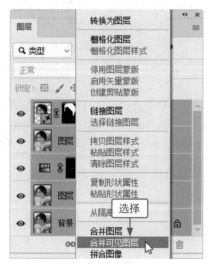

图 11-24　选择"合并可见图层"选项

图 11-25　合并所有图层对象

**03** 选取工具箱中的"污点修复画笔工具" 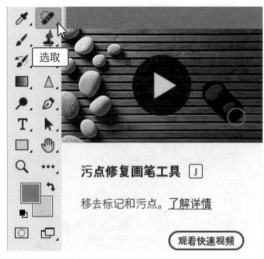，如图 11-26 所示。

**04** 在工具属性栏中，设置画笔"大小"为 125 像素，如图 11-27 所示。

图 11-26 选取污点修复画笔工具            图 11-27 设置画笔"大小"参数

**05** 移动鼠标指针至人物身体上的黑色瑕疵处，单击鼠标左键，鼠标涂抹过的区域呈黑色显示，如图 11-28 所示。

**06** 释放鼠标左键，即可修复人物皮肤上的瑕疵，效果如图 11-29 所示。

图 11-28 涂抹过的区域呈黑色显示            图 11-29 修复人物皮肤上的瑕疵

**07** 用同样的方法，修复人物的另外两颗黑痣，效果如图 11-30 所示。

**08** 用同样的方法，修复人物手臂处的污点，效果如图 11-31 所示。

图 11-30　修复人物的另外两颗黑痣　　　　　　　　图 11-31　修复手臂处的污点

# 11.2.6　修饰人物耳朵的形态

通过上一步的效果我们可以看出，在更换人物发型的时候，人物耳朵的形态有一点乱，此时可以重新生成人物的耳朵，使画面更美观，具体操作步骤如下。

扫码看视频

**01**　使用"套索工具" ♀，在人物耳朵区域创建一个不规则选区，如图 11-32 所示。

**02**　在工具栏中单击"创成式填充"按钮，然后单击"生成"按钮，即可重新生成人物的耳朵，效果如图 11-33 所示。

图 11-32　创建一个不规则选区　　　　　　　　　　图 11-33　重新生成人物的耳朵

# 第12章
## 风光照片后期修图：极致光影

　　摄影爱好者都希望拍出漂亮的风景照片，并且接近和忠实于自然的形态。有时候，直接拍摄是难以达到摄影者最初的想法的，这时候就需要对照片进行后期处理。要想得到一张完美的风光摄影作品，拍得好只是成功的第一步，修片则可以锦上添花。本章主要介绍风光照片后期修图的技巧，帮助大家调出风光作品中的极致光影。

# 12.1　风光照片效果展示

摄影师在拍摄风光照片时，可能由于摄影技术或环境光线的问题，使照片出现杂物、污点等异常情况，或者拍摄对象本身有一定的瑕疵，此时需要运用合理的工具和方法对照片进行修正。本章通过"极致光影"这一案例，详细讲解风光照片的后期修图流程与技巧，帮助大家获得更高品质的风光作品。

## 12.1.1　效果欣赏

"极致光影"风光照片后期修图的效果，如图 12-1 所示。

图 12-1　原图与效果对比

## 12.1.2　学习目标

| 知识目标 | 掌握风光照片后期修图方法 |
| --- | --- |
| 技能目标 | (1) 掌握初步调整照片色彩的操作方法 |
| | (2) 掌握对多张照片进行景深合成的操作方法 |
| | (3) 掌握对天空与地面进行曝光合成的操作方法 |
| | (4) 掌握用灰度蒙版调出地面光影感的操作方法 |
| | (5) 掌握调整照片色彩与暗角的操作方法 |
| | (6) 掌握扩展天空并调整细节元素的操作方法 |
| | (7) 掌握用"高反差保留"锐化图像的操作方法 |
| 本章重点 | 对多张照片进行景深合成 |
| 本章难点 | 用灰度蒙版调出地面光影感 |
| 视频时长 | 10 分钟 |

## 12.1.3　处理思路

本案例首先介绍了初步调整照片色彩的方法，然后讲解了景深合成、曝光合成、用灰度蒙版调出光影感、调整照片色彩与暗角等的技巧。风光照片的后期处理思路，如图 12-2 所示。

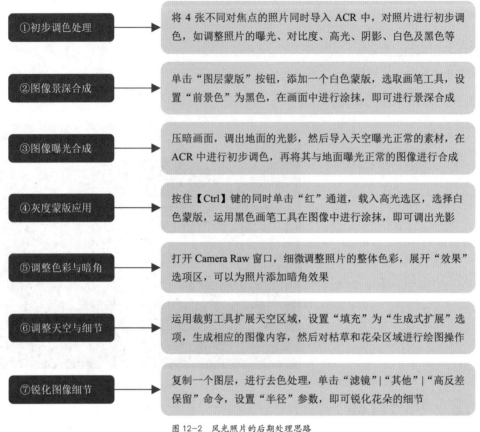

①初步调色处理 —— 将 4 张不同对焦点的照片同时导入 ACR 中，对照片进行初步调色，如调整照片的曝光、对比度、高光、阴影、白色及黑色等

②图像景深合成 —— 单击"图层蒙版"按钮，添加一个白色蒙版，选取画笔工具，设置"前景色"为黑色，在画面中进行涂抹，即可进行景深合成

③图像曝光合成 —— 压暗画面，调出地面的光影，然后导入天空曝光正常的素材，在 ACR 中进行初步调色，再将其与地面曝光正常的图像进行合成

④灰度蒙版应用 —— 按住【Ctrl】键的同时单击"红"通道，载入高光选区，选择白色蒙版，运用黑色画笔工具在图像中进行涂抹，即可调出光影

⑤调整色彩与暗角 —— 打开 Camera Raw 窗口，细微调整照片的整体色彩，展开"效果"选项区，可以为照片添加暗角效果

⑥调整天空与细节 —— 运用裁剪工具扩展天空区域，设置"填充"为"生成式扩展"选项，生成相应的图像内容，然后对枯草和花朵区域进行绘图操作

⑦锐化图像细节 —— 复制一个图层，进行去色处理，单击"滤镜"|"其他"|"高反差保留"命令，设置"半径"参数，即可锐化花朵的细节

图 12-2　风光照片的后期处理思路

## 12.1.4　知识讲解

美丽的风景会使人陶醉和向往。在本实例拍摄的风光照片中，通过对近景、中景及远景分别对焦拍摄，后期进行景深合成，可使每个部分都非常清晰；通过对地景和天空进行分区曝光拍摄，再进行曝光合成，得到每个部分最好的光影。最后，调整照片的色彩色调，为照片添加暗角效果，扩展天空区域，再完善画面的细节，得到一张高质量的作品。

## 12.1.5　要点讲堂

在本章内容中，有两个非常重要的 Photoshop 技术，在前面章节的知识点中没有介绍过，即景深合成与曝光合成。景深合成是指在拍摄过程中，如果希望画面中的每个区域都清晰，就需要针对不同的区域进行对焦拍摄，拍摄多张照片之后，在后期处理过程中将每张照片中最清晰的部分合成在一起，才能得到一张画面超清晰的风光作品。而曝光合成是指在拍摄风光照片的时候，根据画面不同的亮度区域进行分区曝光拍摄，得到每个部分最好的光影和色彩，然后通过后期蒙版对多张照片进行合成。

# 12.2　案例实战：风光照片处理流程

本节将为大家介绍风光照片的处理流程，包括调整照片色彩、对照片进行景深合成与曝光合成、调出地面光影感、调整照片色彩与暗角、扩展天空区域，以及锐化图像等内容。

## 12.2.1　初步调整照片的色彩

用相机拍摄的 RAW 原片画面会比较灰，没有光感。在后期处理中，需要利用 Camera Raw 滤镜初步调整风光照片的色彩，具体操作步骤如下。

扫码看视频

**01** 将 4 张不同对焦点的照片同时导入 ACR 中，然后按【Ctrl+A】组合键全选 4 张照片，如图 12-3 所示。

图 12-3　全选 4 张照片

**02** 在右侧面板中展开"基本"选项区，设置"曝光"为 0.9、"对比度"为 16、"高光"为 -20、"阴影"为 40、"白色"为 11、"黑色"为 -29、"自然饱和度"为 30、"饱和度"为 10，这一步主要用于提亮画面，初步调节画面色彩，如图 12-4 所示。

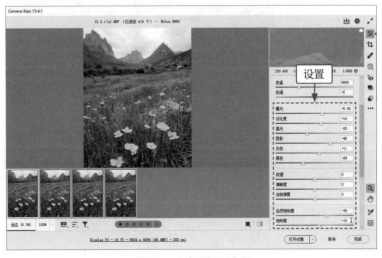

图 12-4　初步调节画面色彩

03 展开"光学"选项区，在"配置文件"选项卡中，选中"删除色差"和"使用配置文件校正"复选框，如图 12-5 所示。

图 12-5　选中复选框

04 单击"打开对象"按钮，即可在 Photoshop 中打开调好的图像，将 12.2.1(b)、(c)、(d) 这 3 张图像全部复制粘贴至 12.2.1(a) 图像编辑窗口中，效果如图 12-6 所示。

图 12-6　在 Photoshop 中合并图像

## 12.2.2　对多张照片进行景深合成

在拍摄风光照片时，要勇敢尝试和突破最近对焦距离，通过景深合成能使摄影作品获得更多的张力和质感。下面介绍对照片进行景深合成的方法，具体操作步骤如下。

扫码看视频

01 在"图层"面板中，单击图层缩览图前面的"切换图层可见性"图标 👁，隐藏上面两个图层，然后将最底下的图层名称更改为"背景"图层，选择"图层 1"图层，单击"图层蒙版"按钮 ▣，添加一个白色蒙版，如图 12-7 所示。

02 选取画笔工具，设置"前景色"为黑色，在工具属性栏中设置画笔"大小"为 400 像素、"不透明度"为 100%，将鼠标移至前景中的花朵处，如图 12-8 所示。

图 12-7　添加一个白色蒙版　　　　　　　　　图 12-8　移至前景中的花朵处

03 按住鼠标左键并拖曳，对前景部分进行涂抹，使前景中的花朵和草地清晰地显示出来，如图 12-9 所示。

04 对"背景"图层和"图层 1"图层进行景深合成，此时"图层"面板中的蒙版绘制如图 12-10 所示。

图 12-9　对前景进行涂抹　　　　　　　　　　图 12-10　查看"图层"面板中的蒙版

05 "图层 2"图层的对焦区是中景部分，显示并选择"图层 2"图层，按住【Alt】键的同时单击"图层蒙版"按钮 ▣，添加一个黑色蒙版，设置"前景色"为白色，使用白色的画笔工具将中景部分的图像涂抹出来，对图像进行景深合成，如图 12-11 所示。

06 "图层 3"图层的对焦区是远景部分及远山，显示并选择"图层 3"图层，按住【Alt】键的同时单击"图层蒙版"按钮 ▣，添加一个黑色蒙版，使用白色的画笔工具将远景部分的图像涂抹出来，对图像进行景深合成，如图 12-12 所示。

图 12-11　对"图层 2"图层中的图像进行景深合成　　　　　图 12-12　对"图层 3"图层中的图像进行景深合成

## 12.2.3　对天空与地面进行曝光合成

扫码看视频

　　对多张照片进行景深合成后，整个画面都能够非常清晰地显示出来，接下来需要对天空与地面进行曝光合成，追求更为极致的画面表现，具体操作步骤如下。

**01** 在"图层"面板中，选择所有图层，进行合并操作，并将图层名称更改为"图层 1"，按【Ctrl+J】组合键，复制一个图层，得到"图层 1 拷贝"图层。单击"滤镜"|"Camera Raw 滤镜"命令，打开 Camera Raw 窗口，展开"基本"选项区，设置"曝光"为 -1.65、"对比度"为 5、"高光"为 -38、"阴影"为 -14、"白色"为 -29、"黑色"为 16、"清晰度"为 9、"去除薄雾"为 11，单击"确定"按钮，如图 12-13 所示。

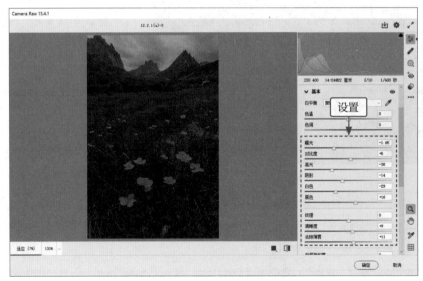

图 12-13　设置各参数压暗画面

**02** 将素材 12.2.3.NEF 导入 ACR 中，我们需要这张照片中的天空部分，展开"基本"选项区，设置"曝光"为 0.35、"高光"为 −13、"自然饱和度"为 14、"饱和度"为 20，适当提亮画面，调整天空部分的影调，如图 12-14 所示。

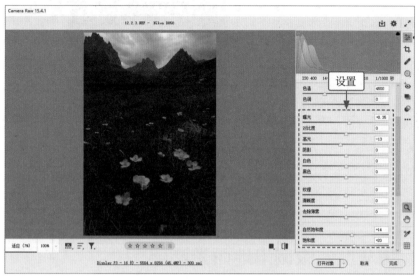

图 12-14　调整天空部分的影调

**03** 设置完成，单击"打开对象"按钮，即可在 Photoshop 中打开调好的图像，将其复制粘贴至地面图像中，生成"图层 2"图层，如图 12-15 所示。

**04** 单击"选择"|"天空"命令，为天空创建选区，单击"选择"|"存储选区"命令，弹出"存储选区"对话框，设置"名称"为"天空"，如图 12-16 所示。

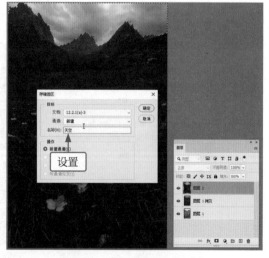

图 12-15　生成"图层 2"图层　　　　　　图 12-16　设置"名称"为"天空"

**05** 单击"确定"按钮，即可保存天空选区，按【Ctrl+D】组合键，取消选区，为"图层 2"图层添加一个黑色蒙版，按住【Ctrl】键的同时单击"通道"面板中的"天空"蒙版缩略图，如图 12-17 所示。

**06** 载入天空选区，使用白色的画笔工具在天空区域进行涂抹，对天空进行曝光合成，效果如图 12-18 所示。

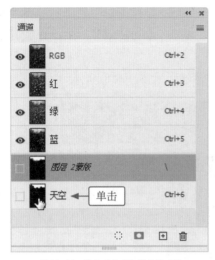

图 12-17 单击"天空"蒙版缩略图

图 12-18 对天空进行曝光合成

## 12.2.4 用灰度蒙版调出地面光影感

后期修图的关键在于分区域调整，分区域调整就需要精准的选区，而通道选区则是所有选区工具里最精准的，过渡性也是最为自然的。它与蒙版结合，就是所谓的灰度蒙版，是风光摄影后期高级技法必须要掌握和运用的工具。下面介绍运用灰度蒙版调出地面光影与层次感的操作方法，具体步骤如下。

扫码看视频

**01** 合并"图层 1 拷贝"与"图层 2"图层，得到"图层 2"图层，为其添加一个白色蒙版，如图 12-19 所示。

**02** 在"通道"面板中，按住【Ctrl】键的同时单击"红"通道，载入花朵部分的高光选区，如图 12-20 所示。

图 12-19 添加一个白色蒙版

图 12-20 载入花朵部分的高光选区

**03** 返回"图层"面板，选择图层中的白色蒙版，选取画笔工具，设置前景色为黑色、"不透明度"为 20%，按【Ctrl+H】组合键，隐藏选区，方便我们观察图像的变化，然后对花朵部分进行涂抹，要有意地对部分高光区域进行多次涂抹，涂抹完成后，花朵被提亮了，效果如图 12-21 所示。

04　在"通道"面板中，按住【Ctrl+Shift】组合键的同时再次单击"红"通道，扩大选区，载入草地和山脉部分的高光选区，如图 12-22 所示。

图 12-21　对花朵部分进行涂抹　　　　图 12-22　载入草地和山脉部分的高光选区

05　按【Ctrl+H】组合键，隐藏选区，然后对草地和山脉部分进行涂抹，要有意地对部分高光区域进行多次涂抹，涂抹完成后，取消选区，效果如图 12-23 所示。

06　按住【Ctrl】键的同时单击"天空"通道，载入天空部分的高光选区，在"图层"面板中选择白色蒙版，使用白色的画笔工具对天空部分进行涂抹、恢复 (涂抹的时候，设置画笔的"硬度"为 0%、"不透明度"为 100%)，使画面更加自然，效果如图 12-24 所示；按【Ctrl+D】组合键取消选区，即可调出地面的光影与层次感。

图 12-23　对草地和山脉部分进行涂抹　　　　图 12-24　对天空部分进行涂抹和恢复

## 12.2.5　调整照片的色彩与暗角

接下来对照片的整体色彩进行细微调整，为照片添加暗角效果，使中间的主体花朵

扫码看视频

更为突出，光影更强烈，具体操作步骤如下。

**01** 按【Ctrl+Shift+Alt+E】组合键，盖印图层，得到"图层 3"图层，打开 Camera Raw 窗口，展开"基本"选项区，设置"色温"为 -6、"色调"为 6、"对比度"为 10，细微调整照片的整体色彩，如图 12-25 所示。

图 12-25　细微调整照片的整体色彩

**02** 展开"混色器"选项区，在"饱和度"选项卡中设置"绿色"为 5、"蓝色"为 -14，提升草地的绿色，降低天空的蓝色，如图 12-26 所示。

**03** 切换至"明亮度"选项卡，在其中设置"绿色"为 10、"蓝色"为 -16，提升草地的明亮度，降低天空的亮度，如图 12-27 所示。

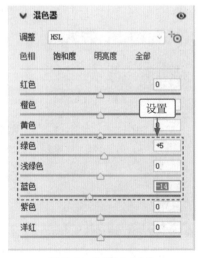

图 12-26　设置饱和度参数

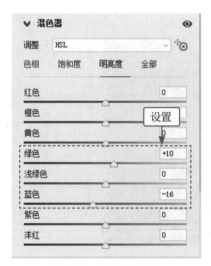

图 12-27　设置明亮度参数

**04** 展开"效果"选项区，设置"晕影"为 -33，为照片添加暗角效果，使中间的光影更为突出，如图 12-28 所示。

图 12-28　为照片添加暗角效果

**05** 展开"校准"选项区，在"蓝原色"下方设置"饱和度"为 -17，再次降低天空的饱和度，如图 12-29 所示。
操作完成，单击"确定"按钮，返回 PS 工作界面。

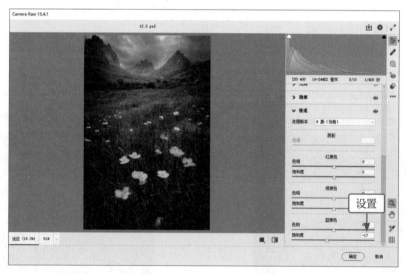

图 12-29　再次降低天空的饱和度

## 12.2.6　扩展天空并调整细节元素

在本实例中，需要扩展天空的高度，显示出更多的天空细节，还需要移除画面中的
枯草，使画面更加干净、简洁，具体操作步骤如下。

**01** 选取"裁剪工具" ，在图像边缘会显示一个变换控制框，将鼠标指针移至下方中间的控
制柄上，按住鼠标左键并向上拖曳，调整控制框的大小，如图 12-30 所示。

**02** 按【Enter】键确认，即可裁剪图像下方多余部分，效果如图 12-31 所示。

扫码看视频

图 12-30  调整控制框的大小

图 12-31  裁剪图像多余的部分

**03** 再次在图像上单击鼠标左键，显示变换控制框，向上拖曳上方中间的控制柄，扩展天空的高度，在工具属性栏中设置"填充"为"生成式扩展"选项，在图像下方的浮动工具栏中单击"生成"按钮，如图 12-32 所示。

**04** 执行操作后，即可在天空中空白的区域生成相应的图像内容，且能够与原图像无缝融合，效果如图 12-33 所示。

图 12-32  单击"生成"按钮

图 12-33  生成图像内容

**05** 按【Ctrl+Shift+Alt+E】组合键，盖印图层，得到"图层 4"图层，在工具箱中选取"移除工具" ✎，将鼠标移至图像编辑窗口中的枯草处，按住鼠标左键并拖曳，多次对枯草进行涂抹、去除，使画面更加简洁，效果如图 12-34 所示。

**06** 使用"创成式填充"功能，对图像中相应的枯草和花朵区域进行绘图操作，重新生成图像效果，使画面更具吸引力，如果觉得画面中间的光影不够强烈，还可以参照前面的方法加强图像中间的光影感，效果如图 12-35 所示。

图 12-34　多次对枯草进行涂抹

图 12-35　重新生成图像效果

## 12.2.7　用"高反差保留"锐化图像

"高反差保留"命令主要用于增强图像的细节和边缘，可以锐化图像，下面介绍具体操作方法。

01　按【Ctrl+J】组合键，复制一个图层，得到"图层 4 拷贝"图层，单击"图像"|"调整"|"去色"命令，去除画面颜色，如图 12-36 所示。

扫码看视频

02　单击"滤镜"|"其他"|"高反差保留"命令，弹出"高反差保留"对话框，在图像中单击花朵区域，然后设置"半径"为 1.2 像素，如图 12-37 所示。

图 12-36　去除画面颜色

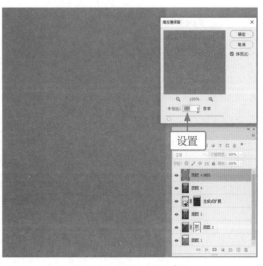

图 12-37　设置"半径"参数

**03** 单击"确定"按钮，设置图层的"混合模式"为"叠加"，对画面进行锐化处理，使画面更加清晰，效果如图 12-38 所示。

**04** 为"图层 4 拷贝"图层添加一个黑色蒙版，运用白色的画笔工具在前景中的花朵处进行涂抹（涂抹的时候，设置画笔的"硬度"为 0%、"不透明度"为 50%），锐化花朵的细节，效果如图 12-39 所示。

图 12-38　对画面进行锐化处理

图 12-39　最终效果

# 第 13 章
## Firefly+Photoshop：制作房产广告

通过前面章节的学习，读者对 Firefly 和 Photoshop 应该有了一定的了解，本章将通过一个房产广告综合实例，对 Firefly 和 Photoshop 的主要功能进行总结，帮助读者对前面所学的内容融会贯通，以达到灵活运用、举一反三的目的。

# 13.1 房产广告效果展示

房产广告是促进房地产销售和租赁的重要手段。通过广告,房地产开发商、中介机构等可以将房屋的特点、位置、价格等信息传达给潜在的购房者或租户,从而吸引他们产生兴趣并进行购买或租赁。本章通过"房产广告"这一案例,讲解使用 Firefly 生成房产图像,再运用 Photoshop 对图像进行后期修图的方法。

图 13-1 房产广告效果

## 13.1.1 效果欣赏

"房产广告"的最终效果,如图 13-1 所示。

## 13.1.2 学习目标

| | |
|---|---|
| 知识目标 | 掌握广告的绘画与修图方法 |
| 技能目标 | (1) 掌握用 Firefly 生成房产广告图的操作方法 |
| | (2) 掌握在图片中生成可爱动物的操作方法 |
| | (3) 掌握生成房产广告文字效果的操作方法 |
| 技能目标 | (1) 掌握去除房产图片中的水印的操作方法 |
| | (2) 掌握对房产图片进行扩展填充的操作方法 |
| | (3) 掌握对房产图片进行调色与修复的操作方法 |
| | (4) 掌握制作房产广告文字效果的操作方法 |
| 本章重点 | 用 Firefly 生成房产广告图 |
| 本章难点 | 制作房产广告的文字效果 |
| 视频时长 | 10 分钟 |

## 13.1.3 处理思路

本案例首先介绍了使用 Firefly 进行 AI 绘画的方法,然后讲解了使用 Photoshop 对图像进行修饰与调色处理的技巧。房产广告的绘画与修图思路，如图 13-2 和 13-3 所示。

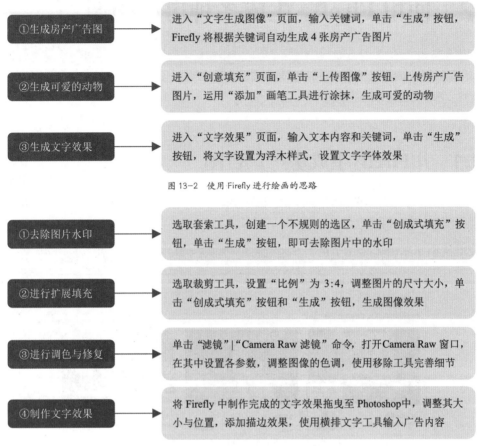

| ①生成房产广告图 | → | 进入"文字生成图像"页面，输入关键词，单击"生成"按钮，Firefly 将根据关键词自动生成 4 张房产广告图片 |
| ②生成可爱的动物 | → | 进入"创意填充"页面，单击"上传图像"按钮，上传房产广告图片，运用"添加"画笔工具进行涂抹，生成可爱的动物 |
| ③生成文字效果 | → | 进入"文字效果"页面，输入文本内容和关键词，单击"生成"按钮，将文字设置为浮木样式，设置文字字体效果 |

图 13-2　使用 Firefly 进行绘画的思路

| ①去除图片水印 | → | 选取套索工具，创建一个不规则的选区，单击"创成式填充"按钮，单击"生成"按钮，即可去除图片中的水印 |
| ②进行扩展填充 | → | 选取裁剪工具，设置"比例"为 3:4，调整图片的尺寸大小，单击"创成式填充"按钮和"生成"按钮，生成图像效果 |
| ③进行调色与修复 | → | 单击"滤镜"|"Camera Raw 滤镜"命令，打开 Camera Raw 窗口，在其中设置各参数，调整图像的色调，使用移除工具完善细节 |
| ④制作文字效果 | → | 将 Firefly 中制作完成的文字效果拖曳至 Photoshop 中，调整其大小与位置，添加描边效果，使用横排文字工具输入广告内容 |

图 13-3　使用 Photoshop 进行修图的思路

## 13.1.4　知识讲解

房产广告在房地产行业中起着重要的作用，有助于房地产公司建立和推广品牌形象。对于新的房地产项目，广告可以用来宣传项目的特点、规模、价格及周边环境等，有助于吸引投资者、购房者和合作伙伴的关注，并在项目开始前就建立起知名度。通过广告，卖家可以吸引更多的潜在买家，买家也可以更容易地找到符合自身需求的房产。

## 13.1.5　要点讲堂

使用 Firefly 制作房产广告图片时，用户可能无法一次就生成满意的图片效果，此时可以在"文字生成图像"界面中多次单击"生成"或"刷新"按钮，直到生成满意的房产广告图片。在"文字生成图像"界面的右侧，还可以设置图片的尺寸大小、内容类型、图片风格，以及颜色和色调等。

# 13.2 使用 Firefly 生成多种房产图像

想制作出吸引人的房产广告，首先需要有合适又美观的素材。使用 Firefly，可以生成多种房产广告的图像素材，本节将进行详细讲解。

## 13.2.1 用Firefly生成房产广告图

扫码看视频

在 Firefly 中，通过输入关键词，可以生成各种房产广告的素材图像，方便用户选择和使用，下面介绍具体操作方法。

**01** 进入 Adobe Firefly(Beta) 主页，在"文字生成图像"选项区中单击"生成"按钮，如图 13-4 所示。

图 13-4 单击"生成"按钮

**02** 执行操作后，进入"文字生成图像"界面，输入关键词"有高楼大厦，有草坪，有蓝天白云，空气清新，环境优美"，如图 13-5 所示。

图 13-5 输入关键词

**03** 单击"生成"按钮，Firefly 将根据关键词自动生成 4 张房产广告图片，如图 13-6 所示。

图 13-6　生成 4 张房产广告图片

**04** 在右侧的"内容类型"选项区中，单击"照片"按钮，单击第 1 张图片，预览大图效果，如图 13-7 所示。

图 13-7　预览大图效果

**05** 在图片右上角单击"下载"按钮 ⬇，即可下载图片。在 Photoshop 中使用"移除工具" ✎将图片左下角的水印去除，效果如图 13-8 所示。

图 13-8　去除水印后的图片效果

## 13.2.2 在图片中生成可爱的动物

扫码看视频

房产广告的背景图片制作完成，接下来可以在图片中生成一些可爱的动物来装饰画面，并对画面进行适当修复处理，具体操作步骤如下。

**01** 进入 Adobe Firefly(Beta) 主页，在"创意填充"选项区中单击"生成"按钮，如图 13-9 所示。

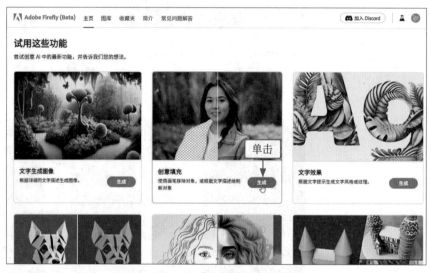

图 13-9 单击"生成"按钮

**02** 执行操作后，进入"创意填充"界面，在其中单击"上传图像"按钮，如图 13-10 所示。

图 13-10 单击"上传图像"按钮

**03** 执行操作后，弹出"打开"对话框，选择上一例生成的房产广告图片，单击"打开"按钮，即可上传素材图片并进入"创意填充"编辑界面，如图 13-11 所示。

**04** 在界面下方选取"添加"画笔工具，在图片中的适当位置进行涂抹，将图片左侧比较突兀的建筑涂抹掉，涂抹的区域呈透明状态显示，单击"生成"按钮，如图 13-12 所示。

图 13-11　进入"创意填充"编辑界面

图 13-12　涂抹并生成图像

**05** 此时，Firefly 将对涂抹的区域进行绘图，工具栏中可以选择不同的图像效果，如选择第 3 个图像效果，单击"保留"按钮，即可应用生成的图像效果，如图 13-13 所示。

**06** 运用"添加"画笔工具💠，在图片下方的适当位置进行涂抹，然后在下方的输入框中输入关键词"小狗"，单击"生成"按钮，如图 13-14 所示。

图 13-13　应用生成的图像效果

图 13-14　输入关键词并生成图像

**07** Firefly 对涂抹的区域进行绘图，在工具栏中选择第 3 个图像效果，单击"保留"按钮，即可应用生成的小狗图像效果，如图 13-15 所示。

**08** 全部操作完成，在界面右上角单击"下载"按钮，即可下载制作好的房产图像文件，如图 13-16 所示。

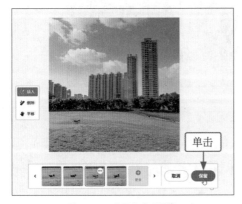

图 13-15　保留和应用图像

图 13-16　下载图像文件

## 13.2.3　生成房产广告的文字效果

接下来需要在 Firefly 中生成房产广告的文字效果，具体操作步骤如下。

扫码看视频

**01**　进入 Adobe Firefly(Beta) 主页，在"文字效果"选项区中单击"生成"按钮，如图 13-17 所示。

图 13-17　单击"生成"按钮

**02**　进入"文字效果"界面，在左侧输入文本"中心之城"，在右侧输入关键词"白色"，单击"生成"按钮，如图 13-18 所示。

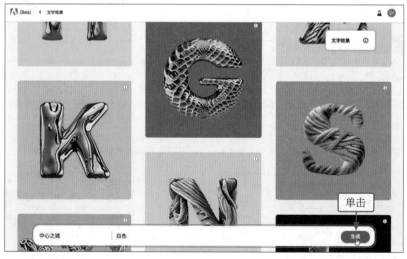

图 13-18　输入文本与关键词

💡
**专 家 提 醒**

文字效果在广告、标识、网页设计、平面设计、电影制作、舞台演出等多个领域都有重要的应用，它可以传达信息、塑造形象，并创造出独特的视觉效果。

**03**　在右侧的"示例提示"选项区中，选择"浮木"选项，将文字设置为浮木样式，效果如图 13-19 所示。

图 13-19　将文字设置为浮木样式

**04**　在右侧的"字体"选项区中，选择"思源黑体"选项，即可设置文字的字体效果，如图 13-20 所示。单击右上角的 ⬇ 按钮，下载制作完成的文字效果。

图 13-20　设置文字的字体效果

# 13.3　使用 Photoshop 为房产广告修图

　　Photoshop 可对图片进行后期处理，如去除图片中的水印与污点、对房产图片进行扩展填充、进行调色与修复，以及制作文字广告效果等，使制作的房产广告更具吸引力。

## 13.3.1 去除房产图片中的水印

通过 Firefly 生成的图片都会自动添加水印，用户可以在 Photoshop 中将水印去除，具体操作步骤如下。

扫码看视频

**01** 在 Photoshop 工作界面中，打开 13.2.2 节制作完成的房产广告图片，如图 13-21 所示。

**02** 选取"套索工具" ◯，在图像编辑窗口中水印的位置按住鼠标左键并拖曳，创建一个不规则的选区，如图 13-22 所示。

图 13-21　打开图片素材

图 13-22　创建一个不规则的选区

**03** 在工具栏中单击"创成式填充"按钮，然后单击"生成"按钮，如图 13-23 所示。

**04** 执行操作后，即可去除图片中的水印，在"图层"面板中合并所有图层，并对图像进行保存操作，效果如图 13-24 所示。

图 13-23　单击"生成"按钮

图 13-24　去除图片中的水印

## 13.3.2　对房产图片进行扩展填充

在 Firefly 中生成的房产图片，如果尺寸不符合要求，可以在 Photoshop 中调出需要的图片尺寸，然后对房产图片进行扩展填充，具体操作步骤如下。

**01**　以上一例的效果文件作为素材，选取"裁剪工具"📐，如图 13-25 所示。

**02**　在工具属性栏中设置"比例"为 3:4，拖曳图片四周的控制柄，调整图片的尺寸大小，按【Enter】键确认，如图 13-26 所示。

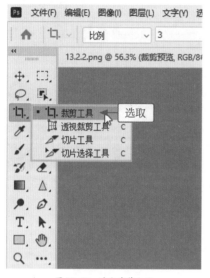

图 13-25　选取裁剪工具

图 13-26　调整图片的尺寸大小

**03**　选取工具箱中的"矩形选框工具"▭，通过鼠标拖曳的方式，在图片上方创建一个矩形选区，在工具栏中单击"创成式填充"按钮，如图 13-27 所示。

**04**　执行操作后，单击"生成"按钮，如图 13-28 所示。

图 13-27　单击"创成式填充"按钮

图 13-28　单击"生成"按钮

**05** 执行操作后，即可在图像上生成相应的蓝天白云效果，如图 13-29 所示。

**06** 在"图层"面板中，按【Ctrl+Shift+Alt+E】组合键，盖印图层，得到"图层 1"图层，运用"创成式填充"功能或者移除工具去除天空中的部分白云，效果如图 3-30 所示。

图 13-29　生成蓝天白云效果　　　　　　　　　图 3-30　改变画面中生成的图片效果

### 13.3.3　对房产图片进行调色与修复

接下来开始对房产图片进行调色处理，使画面颜色更具视觉冲击力，还可以对房产图片的细节进行修复操作，具体操作步骤如下。

扫码看视频

**01** 在"图层"面板中，选择"图层 1"图层，如图 13-31 所示。

**02** 在菜单栏中，单击"滤镜"|"Camera Raw 滤镜"命令，打开 Camera Raw 窗口，在右侧面板上方单击"自动"按钮，如图 13-32 所示。

图 13-31　选择"图层 1"图层　　　　　　　　　图 13-32　单击"自动"按钮

**03** 执行操作后，即可自动调整图片的色调，展开"基本"选项区，在其中设置"清晰度"为 17、"去除薄雾"为 9、"自然饱和度"为 10、"饱和度"为 4，调整图片的清晰度与饱和度，使画面颜色更加亮丽，如图 13-33 所示。

图 13-33　调整图片的清晰度与饱和度

**04** 展开"细节"选项区，在其中设置"锐化"为 10、"减少杂色"为 5、"杂色深度减低"为 6，修复画面的细节，如图 13-34 所示。

图 13-34　修复画面的细节

**05** 图片处理完成，单击"确定"按钮，返回 Photoshop 工作界面，查看调色后的图片效果，如图 13-35 所示。

**06** 使用"移除工具" 在图片中的适当位置进行涂抹，对房产广告图片进行完善处理，使画面更加干净、美观，如图 13-36 所示。

图 13-35　查看调色后的图片效果

图 13-36　对图片进行完善处理

## 13.3.4　制作房产广告的文字效果

　　图片处理完成后，下面开始制作房产广告的文字效果，通过文字向客户传达宣传信息，具体操作步骤如下。

扫码看视频

**01**　在 Photoshop 工作界面中，打开 13.2.3 节制作完成的文字效果，去除左下角的水印，然后将文字效果复制粘贴至房产广告背景图片中，调整其大小与位置，如图 13-37 所示。

**02**　在"图层"面板中，单击"添加图层样式"按钮 *fx*，在弹出的列表框中选择"描边"选项，弹出"图层样式"对话框，在"描边"选项卡中设置"大小"为 2、"位置"为"外部"、"颜色"为白色，单击"确定"按钮，设置文字描边效果，如图 13-38 所示。

图 13-37　调整文字的大小与位置

图 13-38　设置文字描边效果

**03** 选取工具箱中的横排文字工具 **T**，在图像编辑窗口中的适当位置输入文本内容，设置字体与字体大小等属性，
为其添加"投影"图层样式，效果如图 13-39 所示。

**04** 在图像编辑窗口中导入其他的文字素材，并移至合适位置，完成房产广告的制作，效果如图 13-40 所示。

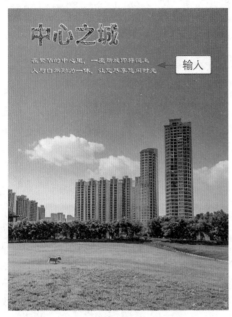

图 13-39　输入文本内容　　　　　　　　　　　　　图 13-40　最终效果

# 第 14 章

## Midjourney+Photoshop：制作高原风光

　　Midjourney 是一个通过人工智能技术进行图像生成和图像编辑的 AI 绘画工具，用户只需在其中输入文字、图片等内容，便可自动创作出符合要求的 AI 摄影作品。本章将通过一个综合案例，对 Midjourney 绘画和 Photoshop 修图的相关操作流程进行全面介绍。

# 14.1　高原风光效果展示

　　Midjourney 具有强大的 AI 绘画功能，用户可以通过各种指令和关键词来改变 AI 绘画的效果，生成优秀的 AI 摄影作品。本章通过"高原风光"这一案例，详细讲解使用 Midjourney 生成高原风光照片，再运用 Photoshop 对照片进行后期修图的方法。

图 14-1　高原风光效果

## 14.1.1　效果欣赏

　　"高原风光"的最终效果，如图 14-1 所示。

## 14.1.2　学习目标

| 知识目标 | 掌握照片的绘画与修图方法 |
| --- | --- |
| 技能目标 | (1) 掌握输入关键词进行 AI 绘画的操作方法 |
| | (2) 掌握添加指令增强照片真实感的操作方法 |
| | (3) 掌握添加细节丰富画面效果的操作方法 |
| | (4) 掌握调整画面光线和整体色彩的操作方法 |
| | (5) 掌握提升 Midjourney 出图品质的操作方法 |
| 技能目标 | (1) 掌握用 AI 功能修复照片瑕疵的操作方法 |
| | (2) 掌握在照片中绘制"鹰"对象的操作方法 |
| | (3) 掌握扩展画幅使照片更加漂亮的操作方法 |
| 本章重点 | 调整画面光线和整体色彩 |
| 本章难点 | 提升 Midjourney 出图品质 |
| 视频时长 | 10 分钟 |

# 14.1.3  处理思路

本案例首先介绍了使用 Midjourney 进行 AI 绘画的方法，然后讲解了使用 Photoshop 对照片进行修饰处理的技巧，高原风光的绘画与修图思路，如图 14-2 和 14-3 所示。

①进行 AI 绘画 ➤ 在Midjourney中，输入/(正斜杠符号)，在弹出的列表框中选择 /imagine 指令，输入相应关键词，即可进行 AI 绘画

②增强照片真实感 ➤ 增加了相机型号、感光度等关键词，修改关键词为in the style of photo-realistic landscapes(具有照片般逼真的风景风格)

③丰富画面的效果 ➤ 在 Midjourney 中调用 /imagine指令，增加了关键词a view of the mountains and river(群山和河流的景色)，进行AI绘画

④调整光线和色彩 ➤ 在 Midjourney 中调用 /imagine指令，增加了光线、色彩等关键词，可以营造出更加逼真的影调

⑤提升出图品质 ➤ 在 Midjourney 中调用 /imagine指令，增加了分辨率和高清画质等关键词，可以让画面显得更加清晰、细腻和真实

图 14-2   使用 Midjourney 进行绘画的思路

①修复照片瑕疵 ➤ 选取工具箱中的套索工具，创建一个不规则选区，单击"创成式填充"按钮和"生成"按钮，重绘此区域的画面

②绘制"鹰"对象 ➤ 运用套索工具创建一个不规则选区，单击"创成式填充"按钮，输入关键词"鹰"，单击"生成"按钮，生成相应的图像

③扩展画幅尺寸 ➤ 在"选择预设长宽比或裁剪尺寸"列表框中选择 16:9 选项，扩展画布区域，运用"创成式填充"功能进行AI绘画

图 14-3   使用 Photoshop 进行修图的思路

# 14.1.4  知识讲解

Midjourney 智能程序可以根据文本生成图像，用户只需输入文字，就能通过人工智能产出相对应的图片。AI 绘画以其高效、智能、创新的特点，不仅能够提高创作的效率，还能创造出更多、更有创意的绘画作品，减少摄影师的手动干预，让他们更专注于创意和想象。

## 14.1.5　要点讲堂

使用 Midjourney 生成 AI 摄影作品非常简单，具体取决于用户使用的关键词。Midjourney 主要使用 /imagine 指令和关键词等文字内容来完成 AI 绘画操作，尽量输入英文关键词。注意，AI 模型对于英文单词的首字母大小写格式没有要求，但每个关键词中间要添加一个逗号（英文字体格式）或空格。

# 14.2　案例实战：用 Midjourney 生成 AI 绘画

AI 绘画工具通过将大量的图像数据输入深度学习模型中进行训练，建立 AI 模型的基础，然后使用训练好的 AI 模型来创作新的图像，这个过程又称为"生成"。

在此过程中，用户可以通过调整 AI 模型的参数和设置，对生成的图像进行优化和改进，使其更符合自己的需求和审美标准。本节将以热门的 AI 绘画工具 Midjourney 为例，介绍生成高原风光照片效果的操作方法。

## 14.2.1　输入关键词进行AI绘画

使用 Midjourney 进行 AI 绘画时，首先需要输入关键词，关键词也称为关键字、描述词、输入词、代码等。下面介绍在 Midjourney 中输入关键词进行 AI 绘画的操作方法。

扫码看视频

**01** 在 Midjourney 下面的输入框内输入 /（正斜杠符号），在弹出的列表框中选择 /imagine 指令，如图 14-4 所示。

**02** 在 /imagine 指令后方的文本框中，输入关键词，如图 14-5 所示。

图 14-4　选择 /imagine 指令

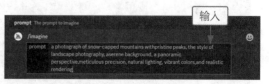

图 14-5　输入关键词

**03** 按【Enter】键确认，Midjourney 将生成 4 张对应的图片，如图 14-6 所示。

图 14-6　生成 4 张对应的图片

## 14.2.2　添加指令增强照片真实感

扫码看视频

从上一节生成的图片中可以看到，直接通过关键词生成的图片仍然不够真实，还需添加一些专业的绘画指令来增强照片的真实感，具体操作方法如下。

**01** 在 Midjourney 中调用 /imagine 指令，输入关键词，如图 14-7 所示。为照片增加了相机型号、感光度等关键词，并将风格描述关键词修改为"in the style of photo-realistic landscapes（ 具有照片般逼真的风景风格 ）"。

图 14-7　输入关键词

**02** 按【Enter】键确认，Midjourney 将生成 4 张对应的图片，可以提升画面的真实感，效果如图 14-8 所示。

图 14-8　Midjourney 生成的图片效果

## 14.2.3　添加细节丰富画面的效果

在关键词中添加一些细节元素的描写，以丰富画面效果，使 Midjourney 生成的照片更加生动、有趣和吸引人，具体操作方法如下。

**01**　在 Midjourney 中调用 /imagine 指令，输入关键词，如图 14-9 所示。在上一节效果文件的基础上，增加了关键词"a view of the mountains and river( 群山和河流的景色 )"。

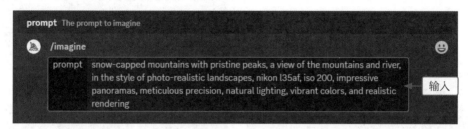

图 14-9　输入关键词

**02**　按【Enter】键确认，Midjourney 将生成 4 张对应的图片，可以看到画面中的细节元素更加丰富，不仅保留了雪山，前景处还出现了一条河流，效果如图 14-10 所示。

图 14-10　Midjourney 生成的图片效果

## 14.2.4　调整画面光线和整体色彩

在关键词中增加一些与光线和色彩相关的关键词，增强画面整体的视觉冲击力，具体操作方法如下。

**01**　在 Midjourney 中调用 /imagine 指令，输入关键词，如图 14-11 所示。在上一节效果文件的基础上，增加了光线、色彩等关键词。

**02** 按【Enter】键确认，Midjourney 将生成 4 张对应的图片，可以营造出更加逼真的影调，效果如图 14-12 所示。

图 14-11　输入关键词

图 14-12　Midjourney 生成的图片效果

## 14.2.5　提升Midjourney出图品质

增加一些出图品质关键词，并适当改变画面的纵横比，让画面拥有更加宽广的视野，具体操作方法如下。

扫码看视频

**01** 在 Midjourney 中调用 /imagine 指令，输入关键词，如图 14-13 所示。在上一节效果文件的基础上，增加了分辨率和高清画质等关键词。

**02** 按【Enter】键确认，Midjourney 将生成 4 张对应的图片，画面显得更加清晰、细腻和真实，效果如图 14-14 所示。

图 14-13　输入关键词

图 14-14　Midjourney 生成的图片效果

**03** 单击 U4 按钮，放大第 4 张图片效果，如图 14-15 所示。

图 14-15　放大第 4 张图片效果

## 14.3　案例实战：用 Photoshop 修饰处理照片

如果 Midjourney 生成的照片中存在瑕疵或者不合理的地方，用户可以在后期通过 Photoshop 对照片进行修饰处理。本节主要介绍利用 Photoshop 的"创成式填充"功能，对 Midjourney 生成的照片进行 AI 修图和 AI 绘画处理的方法，让照片效果更加完美，带来更高的画质和观赏体验。

### 14.3.1　用AI功能修复照片瑕疵

使用 Photoshop 的 AI 修图功能可以帮助用户分析照片中的缺陷和瑕疵，自动填充并修复这些区域，使画面更加完美自然，具体操作方法如下。

扫码看视频

**01**　单击"文件"|"打开"命令，打开一张 AI 照片素材，如图 14-16 所示。

**02**　选取工具箱中的"套索工具" ，在画面中的相应位置创建一个不规则选区，此时图中的山体有些不太自然，如图 14-17 所示。

**03**　在选区下方的浮动工具栏中，单击"创成式填充"按钮，然后单击"生成"按钮，如图 14-18 所示。

**04**　执行操作后，Photoshop 会重绘此区域的画面，让照片显得更加自然，效果如图 14-19 所示。

图 14-16　打开 AI 照片素材

图 14-17　创建一个不规则选区

图 14-18　单击"生成"按钮

图 14-19　重绘区域画面

# 14.3.2　在照片中绘制"鹰"对象

使用 Photoshop 的 AI 绘画功能可以为照片增加创意元素，让画面效果更加精彩。下面介绍在照片中绘制"鹰"对象的方法，具体操作步骤如下。

扫码看视频

**01** 以上一节的效果文件作为素材，运用"套索工具" ○ 在画面中的相应位置创建一个不规则选区，如图 14-20 所示。

**02** 在选区下方的浮动工具栏中，单击"创成式填充"按钮，如图 14-21 所示。

图 14-20　创建一个不规则选区

图 14-21　单击"创成式填充"按钮

**03** 在浮动工具栏左侧的输入框中，输入关键词"鹰"，单击"生成"按钮，如图 14-22 所示。

**04** 执行操作后，即可生成相应的图像，效果如图 14-23 所示。

图 14-22　输入关键词

图 14-23　生成图像

## 14.3.3　扩展画幅使照片更加漂亮

扫码看视频

　　使用 Photoshop 的"创成式填充"功能扩展照片的画幅，不会影响图像内容的比例，也不会出现失真问题，具体操作方法如下。

**01** 以上一节的效果文件作为素材，选取工具箱中的"裁剪工具" **⊄.**，在工具属性栏中的"选择预设长宽比或裁剪尺寸"下拉列表中选择 16:9 选项，如图 14-24 所示。

**02** 在图像编辑窗口中调整裁剪框的大小，在图像两侧扩展出白色的画布区域，如图 14-25 所示。

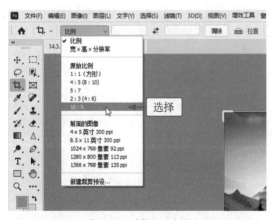
图 14-24　选择 16:9 选项

图 14-25　调整裁剪框的大小

**03** 按【Enter】键确认，完成图像的裁剪，并改变图像的画幅大小，效果如图 14-26 所示。

**04** 运用"矩形选框工具" **[ ]**，在左右两侧的空白画布上分别创建两个矩形选区，如图 14-27 所示。

图 14-26　改变图像的画幅大小

图 14-27　创建两个矩形选区

**05**　在浮动工具栏中，单击"创成式填充"按钮，然后单击"生成"按钮，如图 14-28 所示。

**06**　执行操作后，即可在空白的画布中生成相应的图像内容，效果如图 14-29 所示。

图 14-28　单击"生成"按钮

图 14-29　生成图像内容

**07**　在"属性"面板的"变化"选项区中，选择适合的图像，完成扩展的图像效果，如图 14-30 所示。

图 14-30　扩展的图像效果